药用真菌桑黄的
培养与应用

许 谦 著

U0348170

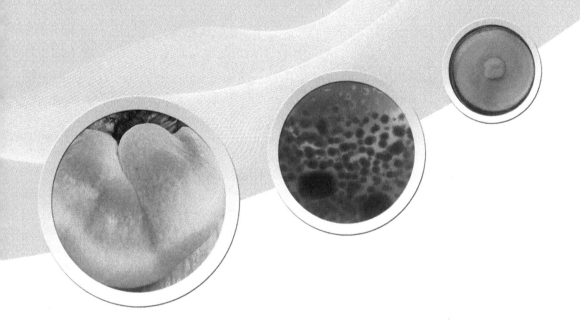

中国农业科学技术出版社

图书在版编目（CIP）数据

药用真菌桑黄的培养与应用 / 许谦著. --北京：中国农业科学技术出版社，2023.12

ISBN 978-7-5116-6199-9

Ⅰ. ①药… Ⅱ. ①许… Ⅲ. ①药用菌类－真菌－栽培技术 Ⅳ. ①S567.3

中国国家版本馆CIP数据核字（2023）第 250078 号

责任编辑 李　华
责任校对 李向荣
责任印制 姜义伟　王思文

出 版 者　中国农业科学技术出版社
　　　　　北京市中关村南大街 12 号　　邮编：100081
电　　话　（010）82109708（编辑室）　　（010）82106624（发行部）
　　　　　（010）82109709（读者服务部）
网　　址　https:∥castp.caas.cn
经 销 者　各地新华书店
印 刷 者　北京建宏印刷有限公司
开　　本　170 mm×240 mm　1/16
印　　张　12　彩插 12 面
字　　数　215 千字
版　　次　2023 年 12 月第 1 版　　2023 年 12 月第 1 次印刷
定　　价　87.00 元

前　言

利用OPEN KNOWLEDGE MAPS网站绘制桑黄的知识图谱，图谱展示桑黄密切相关英文文献100篇，中国作者为第一作者80篇，占总发表量的80%，显示出桑黄在中国的认可程度。这与中国很久以前就有桑黄药用记载有关。桑黄的研究与应用，中国古已有之，以桑、桑耳、桑蛾、桑鸡、桑黄、桑臣等名称入药。最早记录在《神农本草经》里，主治漏下赤白汁，血病，症瘕积聚，阴痛，阴阳寒热，无子，距今已有2 000余年历史。之后，相继在《别录》《药性论》《太平圣惠方》《普济方》《本草纲目》《濒湖集简方》《奇方纂要》等都有入药记载。具止久泄，益气不饥，治癖饮积聚，腹痛金疮；治女子崩中带下，月闭血凝，产后血凝，男子痃癖；止血衄，肠风泻血，妇人心腹痛；利五脏，宣肠胃气等功效。桑黄良好入药记载，激发了研究人员对其基础研究及应用研究的极大兴趣。

近代桑黄研究兴起，源于桑黄高效抑癌能力的揭示，至今已近60年。知网有记载以来到2023年12月，桑黄文献共2 800余篇，2000年起呈持续增长的趋势，2022年达到峰值137篇，2023年稍有下降。2022年食用菌整体文献量下降，桑黄文献量逆势达到峰值，显示出桑黄在食用菌领域的研究地位。桑黄文献的主题突出在子实体、Phellinus及桑黄多糖3个方面，分别占9.92%、8.95%及8.11%。桑黄研究层次突出在基础与应用基础研究、工程技术及行业指导3个方面，分别占45.87%、40.69%及2.92%。

桑黄研究风生水起，但这方面的研究书籍还是少之又少。著者在多年研究的基础上，把有关桑黄的若干研究成果集结成册，内容涉及桑黄菌种的制作与保藏、桑黄的液体培养、桑黄的固体培养、桑黄活性物质的分离纯化及功能、桑黄菌种的优化以及桑黄产品的研发等。以期对桑黄研究者及桑黄从业人员有所帮助。

　　本书相关研究内容的完成以及书稿的顺利面世，得益于2011年菏泽学院科技攻关项目"药用真菌桑黄液体培养的研究与应用"、2012年菏泽市科技局科学技术发展计划项目"珍稀药用真菌桑黄工厂化液体发酵及其多糖生产技术研究"与2016年山东省科技厅重点研发计划项目"药用真菌桑黄液体培养活性物质产生机制及综合研发"的支持，得益于2023年山东省高校黄大年式教师团队"食品科学与生物工程创新教师团队"以及农业与生物工程学院的大力支持，在此一并致谢！同时特别感谢参与过相关工作的老师和同学们，感谢项目合作单位的友情支持，感谢所有和此书有关的人们。

　　因水平所限，书中疏漏之处在所难免，敬请广大读者批评指正。

许　谦

2023年12月

目　录

1 桑黄研究概述

桑黄（*Phellinus igniarius*）属于担子菌亚门层菌纲，为珍稀药用真菌，富含多糖、黄酮、三萜类化合物等生物活性物质[1]，是目前国际公认的抗癌效果最好的药用真菌之一[2]，具有抗癌、抗氧化、抗菌、抗发炎、增强免疫力、调节血糖血脂、保肝、防治胃溃疡等作用[3-8]。自然条件下，桑黄主要分布在中国、韩国、日本、朝鲜、俄罗斯远东地区、菲律宾、澳大利亚、北美、中南美等地，被现代人称为"森林黄金"[9]，在我国集中分布在黑龙江东部、西北地区、陕西与甘肃交界的"子午岭"自然保护区、东北的长白山林区等地，寄生于柳、杨、桑、花椒、山楂等阔叶树的树桩、树干上[10]，子实体形成需要几十年[11]，子实体木质，侧生无柄，初期像一块黄土，经过一段时间的生长，样子像树桩上伸出的舌头[12]，中医用以治疗血崩、血淋、带下、脾虚泄泻等[13-14]。具有抑制肿瘤生长转移且低毒等药理活性[15-20, 6]。韩国的Lee等发现桑黄水提物可以有效对抗流感A和B病毒，包括H1N1、H3N2和H9N2等亚型病毒[21]。

桑黄由于其特殊的生物学特性，自然状态下生长周期长，产量较低。人工栽培技术要求较高，难度较大，所以市场上桑黄子实体资源相对匮乏。液体培养桑黄菌丝体仅需十几天。有研究表明，桑黄液体培养的菌丝体与桑黄子实体有相似的营养成分[22-23]，另有相关研究表明桑黄液体培养菌丝体中一些活性物质含量高于子实体中的含量[24-25]，在实际多糖产出中，菌丝体粗多糖含量是子实体的22.48倍[25]。所以，液体培养桑黄是一种相对高效的活性物质生产技术，但液体培养对设备及环境条件要求较高，生产成本较高，桑黄子实体人工培养时间虽然相对于自然生长短得多，但因产量问题，仍难以满足市场需求。如果有优化高效的桑黄液体培养和子实体生产技术，打破其生产效率低的瓶颈，对桑黄产业而言，会是一个很好的发展方向。

对于桑黄的研究，知网有记载以来到2023年12月，桑黄文献共2 800余篇，2000年起呈持续增长的趋势，2022年达到峰值137篇，2023年稍有下降（图1-1）。2022年食用菌整体文献量下降（图1-2），桑黄文献量逆势达到峰值，显示出桑黄在食用菌领域的研究地位。桑黄文献的主题突出在子实体、Phellinus及桑黄多糖3个方面，分别占9.92%、8.95%及8.11%（图1-3）。桑黄研究层次突出在基础与应用基础研究、工程技术及行业指导3个方面，分别占45.87%、40.69%及2.92%（图1-4）。从1992年起，中国知网显示的桑黄中英文文献发表量有交替占优的趋势，2021年以来，中文的发表量占优（图1-5）。利用OPEN KNOWLEDGE MAPS网站绘制桑黄的知识图谱，图谱展示桑黄密切相关英文文献100篇，中国作者为第一作者80篇，占总发表量的80%（图1-6），显示出桑黄在中国的认可程度。桑黄文献中，较多集中于子实体提取物药用价值方面的研究。早在1986年，Ikekawa等发现桑黄子实体的提取物具有明显的抗癌作用，对小鼠肉瘤S_{180}的抑制率为96.7%，对小鼠艾氏癌的抑制率为87%[26]；2003年，Kim等发现桑黄中的蛋白多糖通过Protein kinase C（蛋白激酶C）和PTK（蛋白酪氨酸激酶）的活性来激活机体的B淋巴细胞[3]；2006年，张敏等发现桑黄多糖对H22肝癌的抗性作用较为明显[5]；2009年，Wei等发现桑黄胞外多糖具有

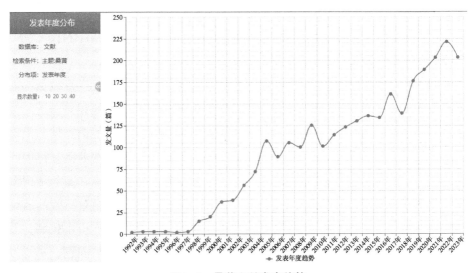

图1-1　桑黄文献发表趋势

抑制肿瘤和保护肝脏的作用[6]；2014年，Zhou等报道了桑黄抑制肝癌和黑色素瘤细胞生长的不同免疫学机制[27]。桑黄的药用价值，激发了市场需求，科研人员对桑黄的相关研究呈现蓬勃之势。

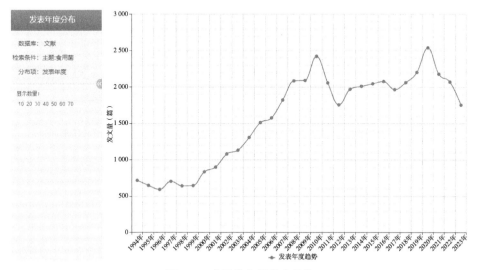

图1-2　食用菌文献发表趋势

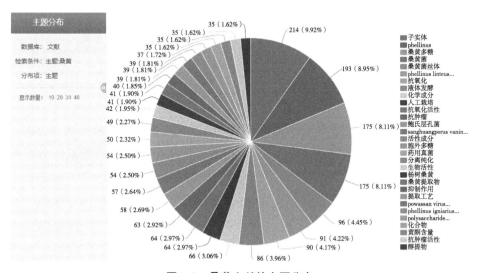

图1-3　桑黄文献的主题分布

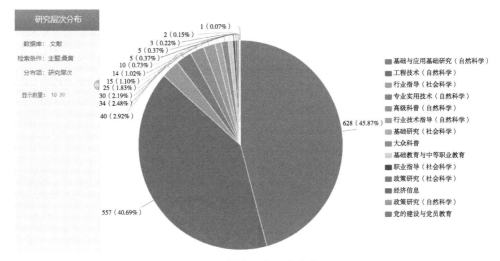

图1-4 桑黄研究层次分布

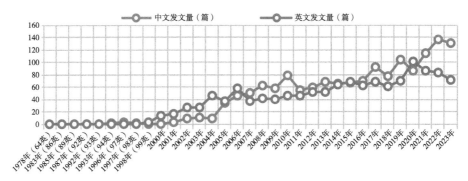

图1-5 桑黄中英文文献发表趋势比较

　　本研究团队做了桑黄液体培养及固体培养的相关研究。液体培养方面，在前期单因素试验基础上，利用正交设计确定优化的液体培养基配方，用优化的培养基进行培养，获得菌丝体黄酮产量为212.35mg/L[28]，远远高于赵子高[23]等试验所得12.805 6mg/100mL及刘凡[29]等试验所得186.75mg/L；获得菌丝体生物量和胞外多糖总产达到1.007 7g/100mL[30]，在同样接种量前提下高于Wang[31]的0.844 4g/100mL；获得三萜类化合物的产量为67.61mg/L[32]。

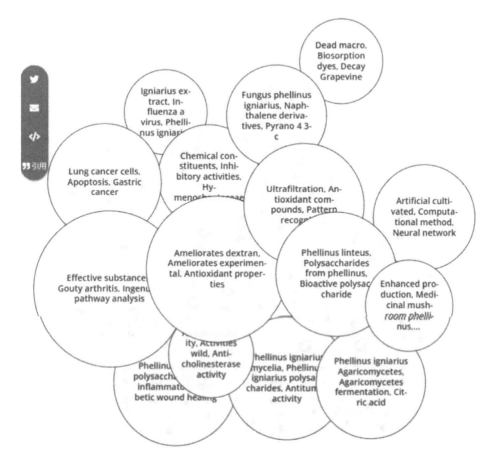

图1-6 OPEN KNOWLEDGE MAPS网站绘制的桑黄文献知识图谱

　　另外，研究桑黄液体发酵过程中各种酶的变化规律，发现桑黄不同胞外酶变化规律有所不同，利用不同营养物质的先后顺序分别为淀粉、半纤维素、果胶、纤维素及木质素，这对桑黄培养基成分、含量的确定及酶的获得具有一定的指导意义[33]。

　　对桑黄菌丝体多糖的提取进行优化，热水提取的最优工艺为在水提温度为100℃条件下，料液比1∶45、浸提时间3.5h，此时桑黄粗多糖提取率为3.99%；桑黄菌丝体多糖的单糖组成初步确定有D-葡萄糖、D-半乳糖、L-阿拉伯糖和D-乳糖[34]。为了解决菌种优化问题，做了原生质体融合的相关研究，桑黄菌原生质体分离最高产量为4 625万个/mL[1]。诱变育种有两个重要的环节，即诱变和筛选，突变是随机的，筛选是定向的[35]。筛选需要经验积累基础上的合理判断，有研究认为，原生质体诱变后，其致死率在70%~80%时获得的正突变菌株比率较高[36-37]。原生质体诱变的另一个作用是原生质体致死，原生质体致死是进行原生质体融合的一个有效方案，双亲原生质体致死后进行融合，便于融合子的顺利检出。但原生质体最好是在刚刚致死的状态下才有利于融合的成功实现[38]。所以100%致死率的精确判断会为原生质体的高效融合奠定坚实的基础。利用酶处理桑黄菌丝体，分离到原生质体并对其进行紫外线诱变，确定诱变后的致死率，诱变时间达到90s时，致死率刚刚达到100%，该结果有利于桑黄原生质体诱变及融合的合理实施[39]。

目前对桑黄液体培养过程中各种活性物质的产生机制特别是扩大生产过程中活性物质的产生机制鲜有报道，这方面的研究，可以细化培养过程中活性物质产生过程及各种活性物质在产生过程中的相互消长关系，对于指导定向活性物质的生产具有重要意义。在活性物质的分离纯化以及物质组分的结构分析和活性功能方面，仅有少量报道，杨焱[40]对桑黄子实体多糖进行了分离纯化、结构鉴定和部分多糖组分功能的研究，对桑黄液体培养多糖分离、纯化所得组分缺乏进一步的功能研究；宋铂[41]对桑黄子实体黄酮提取、制备和部分黄酮组分的抗氧化能力进行了初步研究，但没有获得分离产物及其结构，桑黄三萜类化合物的分离纯化、结构研究及其活性功能还没有相关报道。

研究团队针对上述问题，深入了解桑黄扩大生产过程中活性物质的变化规律，了解物质产生机制，总结出桑黄菌丝体在扩大培养过程中菌丝体质量、胞内和胞外活性成分的变化规律[42]。发现利用250mL、500mL、1 000mL 3种锥形瓶分别装液体培养基150mL、300mL、600mL，在28℃、180r/min条件下培养，桑黄胞内和胞外黄酮产量均呈现先下降再上升的趋势，对桑黄胞内和胞外黄酮的生产、提取及应用具有现实的指导意义。

对桑黄的开发利用做了探索，对桑黄酸奶进行研制，确定出桑黄风味酸奶的最佳发酵工艺条件为桑黄发酵液添加量15mL/100mL、奶粉添加量17g/100mL、白砂糖添加量7g/100mL、发酵菌剂（8.4×10^8CFU/mL）接种量5mL/100mL、发酵时间5h、发酵温度42℃。在此优化条件下，制备的桑黄风味酸奶感官评分为92.2分，蛋白质和脂肪含量分别为1.86g/100g、

0.6g/100g, 1, 1-二苯基-2-三硝基苯肼（DPPH）自由基清除率为46%。有效解决前期没有完成的桑黄活性物质组分和功能研究，进行菌种的选育，优化生产活性物质的培养基，为工业化液体培养和高效利用桑黄提供有效的理论及技术指导；探索桑黄的子实体培养技术，成功培养批量桑黄子实体，为桑黄液体和固体双向培养积累了成功经验，为最终产生较高的社会效益与经济效益奠定有益的基础。

2 桑黄菌种

2.1 桑黄菌种概念

桑黄菌种指人工培养进行扩大繁殖和用于生产的纯桑黄菌丝体。

2.2 桑黄菌种类型

根据菌种的来源、繁殖代数及生产目的，把桑黄菌种分为母种、原种和栽培种。

2.2.1 桑黄母种

从孢子分离培养或组织分离培养获得的纯菌丝体。生产上用的桑黄母种实际上是再生母种，又称一级菌种。它既可繁殖原种，又适于菌种保藏。最常见的是试管斜面母种（图2-1）和平板母种（图2-2）。

 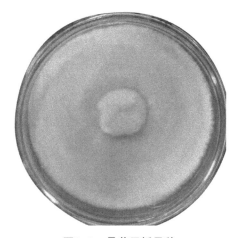

图2-1 桑黄试管斜面母种   图2-2 桑黄平板母种

2.2.2 桑黄原种

将桑黄母种在无菌的条件下移接到固体培养基上培养的菌种为原种（图2-3），又称二级菌种。它主要用于菌种的扩大培养，有时也可以直接出菇。

2.2.3 桑黄栽培种

将桑黄原种转接到相同或相似的固体培养基上进行扩大培育，用于生产的菌种为栽培种（图2-4），又称三级菌种。它一般不用于再扩大繁殖菌种，有时也可以直接出菇。

图2-3　桑黄原种　　　　　　图2-4　桑黄栽培种

2.3　桑黄菌种制种

桑黄菌种制种是指在严格的无菌条件下大量繁殖桑黄菌种的过程，一般桑黄菌种制种需要经过母种、原种和栽培种3个步骤。菌种生产流程为：培养基配制→分装→灭菌→冷却→接试管种→培养（检查）→专用母种→原种→栽培种。

生产菌种的过程中需要一系列的设备，灭菌设备如全自动高压蒸汽灭菌锅（图2-5）、恒温干燥箱（图2-6）等，接种设备如接种室、接种箱、超净工作台（图2-7）等，培养设备有恒温培养室、培养箱（图2-8）、组合式振荡培养箱（图2-9）、发酵罐（图2-10）及恒温恒湿空调机组（图

2-11）等，封口材料有封口膜、棉塞、包纸、颈圈等，菌种保藏设备有冰箱、超低温冷冻冰箱（图2-12）等。

图2-5　全自动高压　　图2-6　恒温干燥箱　　图2-7　超净工作台　　图2-8　培养箱
　　　　蒸汽灭菌锅

图2-9　组合式振荡　　图2-10　发酵罐　　图2-11　恒温恒湿　　图2-12　超低温
　　　　培养箱　　　　　　　　　　　　　　　　空调机组　　　　　　冷冻冰箱

2.4　桑黄母种生产

2.4.1　培养基的配制

2.4.1.1　配制原则

　　培养基是采用人工的方法，按照一定比例配制各种营养物质以供给桑黄生长繁殖的基质。培养基必须具备3个条件，一是含有桑黄生长发育所需的营养物质；二是适宜的pH值；三是必须经过严格的灭菌，保持无菌状态。

2.4.1.2 常用培养基

（1）固化培养基。指将各种营养物质按一定比例配制成营养液后，再加入适量的凝固剂，如1.5%~2%左右的琼脂，融化后60℃以上时是液体，冷却到40℃以下时则为固体，这样的培养基为固化培养基。

优点：便于分离和筛选菌种，提高菌落形态清晰度。

缺点：容易引起污染，制备含有凝固剂的培养基需要严格的卫生操作，长时间放置的固化培养基会出现晶体生长或结构变化，增加污染风险；使用需要一定技巧，如合适的温度、搅拌强度等，制备时间较长。

用途：主要用于母种分离和保藏。

（2）固体培养基。以含有纤维素、木质素、淀粉等各种碳源物质为主，添加适量有机氮源、无机盐等，含有一定水分呈现固体状态的培养基。

优点：原料来源广泛，价格低廉，配制容易，营养丰富。

缺点：菌丝体生长较慢。

用途：作为原种和栽培种培养基。

（3）液体培养基。指把桑黄生长发育所需的营养物质按一定比例加水配制而成的液体培养基。

优点：营养成分分布均匀，利于桑黄菌种充分接触和吸收养料，菌丝体生长迅速、粗壮，这种液体菌种便于接种工作的机械化、自动化，利于提高生产效率。

缺点：需要发酵设备，成本较高，也较复杂。

用途：实验室，用于生理生化方面的研究；生产上，用于培养液体菌种或生产菌丝体及其代谢产物，常用来观察菌种的培养特征以及检查菌种的污染情况。

2.4.1.3 母种培养基配制方法

母种培养基，即一级种培养基，是分离母种且将其扩大繁殖用的培养基。常把培养基装在试管内，做成斜面，因此也叫斜面培养基。常用的试管大小是18mm×180mm或20mm×200mm。

（1）母种培养基常用原料。马铃薯、葡萄糖、蔗糖、磷酸二氢钾、硫酸镁、蛋白胨、酵母膏、维生素B_1、琼脂等。

（2）母种培养基配方。

①葡萄糖马铃薯琼脂培养基（PDA培养基）：马铃薯（去皮）200g，葡萄糖（或蔗糖）20g，琼脂18～20g，水1 000mL。

②马铃薯琼脂综合培养基：马铃薯（去皮）200g，葡萄糖20g，磷酸二氢钾3g，硫酸镁1.5g，维生素$B_1$10～20mg，琼脂18～20g，水1 000mL。

③葡萄糖蛋白胨琼脂培养基：葡萄糖20g，蛋白胨20g，琼脂18～20g，水1 000mL。

④蛋白胨酵母膏葡萄糖琼脂培养基：蛋白胨2g，酵母膏2g，硫酸镁0.5g，磷酸二氢钾0.5g，磷酸氢二钾1g，葡萄糖20g，维生素$B_1$20mg，琼脂18～20g，水1 000mL。

（3）母种培养基制作。

母种培养基的制作按照以下操作步骤进行。

①计算：选择培养基配方，按培养基的所需量计算各种原料的用量。

②称量：准确称量、配制培养基的各种原料。

③配制：首先制取马铃薯煮汁。将马铃薯洗净，去皮，用不锈钢刀切成小块（切后立即放入水中，否则马铃薯易氧化变黑）。称取马铃薯块200g放在不锈钢锅中，加水1 000mL，加热煮沸15～30min，至薯块酥而不烂为止。用4层纱布过滤。取其滤液，加水补足1 000mL，此即为马铃薯煮汁。然后在煮汁中加入琼脂，并加热，不断用玻璃棒搅拌至琼脂全部融化。再加入葡萄糖（或蔗糖）和其他原料，边煮边搅拌直至溶化。要防止烧焦或溢出。烧焦的培养基其营养物质被破坏，且容易产生一些有害物质，不宜使用。

配制合成培养基，不同成分应按一定顺序加入，以免生成沉淀，造成营养的损失。一般是先加入缓冲化合物，溶解后加入主要成分，然后是微量元素和维生素等。最好是一种营养成分溶解后，再加入第二种营养成分。如各种成分均不会生成沉淀，也可一起加入。

④调节pH值：一般用10%盐酸和10%氢氧化钠调节pH值，使达到最适宜值。调整时要注意分滴加入碱或加入酸，pH值不可过高或过低，以避免某些营养成分被破坏。

⑤分装培养基：配好培养基后，趁热利用培养基分装装置（图2-13）

将其分装入试管内。分装量最好不要超过管长的1/5。装管时勿使试管口沾上培养基,若不慎沾上需用纱布擦去,以防杂菌在管口生长。

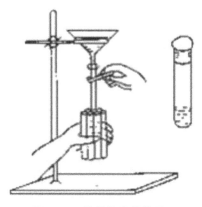

图2-13 培养基分装装置

⑥塞棉塞:分装后,管口要塞好棉塞(或透气硅胶塞)。做棉塞要使用普通棉花,不要用脱脂棉,因为脱脂棉易吸水,灭菌时易受潮而导致杂菌生长。

塞好棉塞后,取5支、7支或9支试管,棉塞部分用牛皮纸包好,用绳子扎成一捆。灭菌,可防止接种前培养基水分散失或杂菌污染。

2.4.1.4 母种培养基的灭菌

母种培养基灭菌一般用高压灭菌锅。管口朝上放置,121℃灭菌20～30min。

2.4.2 母种的转管与培养

2.4.2.1 母种的转管

桑黄母种,由于数量有限不能满足生产上的需要,应进行扩大繁殖培养。其方法是以无菌操作把斜面培养基连同菌丝体切成短米粒大的小块,移接到新的斜面培养基上(图2-14),在适温条件下培养,待菌丝长满斜面时即成。一般每支母种试管可扩大繁殖20～30支新管。扩大母种第一次应多些,以避免多次转管,造成菌丝生活力降低,结菇少,影响产量和质量。一般要求转管不要超过5次。

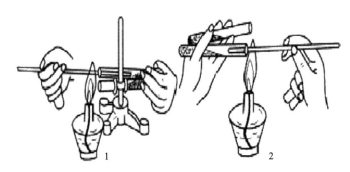

图2-14 母种接种示意图

注：1.用试管架固定母种；2.手持母种。

2.4.2.2 桑黄母种扩接方法

（1）消毒手和菌种试管外壁。

（2）点燃酒精灯。

（3）用左手的大拇指和其他四指并握要转接的菌种和斜面培养基，在酒精灯附近拔掉棉塞。

（4）用酒精灯灼烧接种锄和试管口。

（5）冷却接种锄，取少量菌种（绿豆大小），至斜面培养基上。

（6）塞上棉塞，贴好标签。

整个过程要轻、快、准、稳。

2.4.2.3 母种的培养

在适温下，母种在28℃，培养15d菌丝即可长满斜面。如为暂时不用的母种，应在母种尚未长满之前，及时移入冰箱保鲜室保存。保藏的母种棉塞一头要朝外，但须用报纸包扎或盖好，以防冰箱冷凝水使棉塞受潮。母种要贴上标签，防止品种混杂。

2.4.2.4 母种培养中常见的异常情况

（1）培养基凝固不良。通常是由于培养基中琼脂含量太低造成。培养食用菌的母种培养基，琼脂含量一般在2%比较合适。

（2）接种物不萌发。原因较多：①由于培养基的pH值过高、过低或营养成分不足；②由于接种铲过热取菌，烧死菌种；③菌种质量差，不能萌发。

（3）菌种生长过慢或长势不旺。原因较多：①由于培养基的pH值偏高、偏低或营养成分不充足；②由于接种铲过热取菌，烧死部分菌种；③菌种质量较差，不能很好萌发。

（4）菌种生长不整齐。主要因为菌种不纯造成。

（5）细菌污染。原因较多：①培养基灭菌不彻底；②接种时感染杂菌；③菌种带杂菌；④试管破裂。

（6）真菌污染。原因较多：①培养基灭菌不彻底；②接种时感染杂菌；③菌种带杂菌；④试管破裂。

2.5　桑黄原种和栽培种生产

原种培养基，即二级种培养基。常用的容器是750mL容积的菌种瓶（或罐头瓶），瓶口直径4cm左右，也可用12cm×25cm的聚丙烯塑料袋。

栽培种培养基，即三级种培养基，是供给桑黄栽培用的培养基。常用的容器是750mL容积的菌种瓶（或罐头瓶），也可用17cm×35cm的聚丙烯塑料袋。

2.5.1　桑黄原种、栽培种培养基的配制

原种和栽培种的营养条件基本相似，制作方法也相同，故一并加以介绍。

2.5.1.1　原种、栽培种培养基常用原料

原种、栽培种培养基常用原料为木屑、棉籽壳、麸皮、麦粒、米糠、碳酸钙、石膏、石灰等。

2.5.1.2　原种、栽培种培养基配方

（1）木屑培养基。阔叶树木屑78%，麸皮或米糠20%，蔗糖1%，石膏粉1%。

方法：按配方称取原料，先将糖溶解于适量水中，其他原料进行混合，然后加入糖水拌匀，使料含水量达60%～65%（每100kg料加水120～130kg）。简便检查含水量的方法，是用手取一把培养料紧握，以指缝间有水渗出但不滴下为适度。

（2）棉籽壳培养基。棉籽壳78%，麸皮20%，蔗糖1%，石膏粉1%。

方法：按配方称取主料和辅料，先将棉籽壳加适量水拌匀，堆闷3~4h或一夜，使之均匀吸水，然后参照木屑培养基的制作方法进行操作。

（3）麦粒培养基。麦粒（谷粒、大麦、燕麦、高粱粒、粉碎的玉米粒等）1 000g，石膏粉13g，碳酸钙4g。此培养基适用于原种、栽培种的培养。

方法：注意要用煮熟而又不胀破种皮的麦粒，拌入石膏粉、碳酸钙，pH值调至7.5左右，含水量调至60%~65%。

2.5.1.3 原种、栽培种培养基制作

（1）准确称量。按培养基配方的要求比例，分别称取原料。

（2）拌料。将培养料放入盆内，混合，加水拌均匀，不能存有干料块。培养料含水量一般掌握在65%左右，以用手紧握料，指缝间有渗水但不滴水为宜。对于麦粒培养基，则是将预处理晾干表水的麦粒，拌入定量碳酸钙和石膏，含水量达60%左右为宜。偏湿，易出现菌被，会引起瓶底局部麦粒的胀破，甚至"糊化"，影响菌丝蔓延；偏干，则菌丝生长稀疏，且生长缓慢。

（3）装瓶。装瓶前必须把空瓶洗刷干净，并倒尽瓶内剩水。拌料后要迅速装瓶，料堆放置时间过长，易酸败。装料时，先装入瓶高的2/3，用手捏住瓶颈，将瓶底在料堆上轻轻敲打几下，使培养料沉实下去。然后，继续装到瓶颈，用手指通过瓶口把培养料压实至瓶肩处，做到上部压平实，瓶底、瓶中部稍松，以利于通气发菌。过紧则瓶内空气少，影响菌丝生长，过松则发菌快，但菌丝少，且易干缩。培养料装完后，用圆锥形捣木，钻1个圆洞，直达瓶底部，以利于菌丝生长繁殖。然后，将瓶子垂直倒立在清水中蘸一下，洗去内外壁上沾着的培养料。擦洗瓶口后，瓶口塞上棉塞，包上防潮纸或牛皮纸。棉塞要求干燥，松紧和长度合适，一般长4~5cm，2/3在瓶口内，1/3露在瓶口外，内不触料，外不开花，用手提棉塞瓶身不下掉。这样透气性好，菌种也不会直接接触棉塞受潮，感染杂菌。

装料封口的培养料瓶，应及时进行消毒灭菌，以控制灭菌前料内微生物的繁殖生长，防止料变质。

（4）灭菌。原种、栽培种所需的数量多，灭菌一般采用较大的灭菌锅。

①高压蒸汽锅灭菌：升温火力应逐渐加大，以防锅内温差变化太大，

引起玻璃瓶炸裂破损。高压灭菌所需要的时间，应根据培养基原料的种类和生熟程度来决定长短。木屑、棉壳、种木为主料的培养基灭菌时的温度为126℃，保持2h，达到灭菌效果。

②土锅灭菌：可用连续灭菌法，在98~100℃的温度下，需连续灭菌6~8h；麦粒培养基的灭菌时间须达12h。停火后再焖蒸3~4h才能出瓶（袋）。也可用间歇灭菌法，即用一般蒸锅，达100℃后维持2h，24h蒸1次，连续2~3次。

采用塑料薄膜袋装菌种培养基灭菌时，可按以上方法进行灭菌。聚乙烯耐压、耐温性能差，只能采用常压灭菌，100℃保持8~12h。聚丙烯塑料薄膜耐温、耐压性能好，可在126℃保持2h，灭菌彻底且不会破裂。灭菌后不要立即打开锅盖，待温度下降至50℃时趁热开锅取出，这样可减少粘连一起的现象。

培养基灭菌完毕从锅中取出后，应放于清洁、凉爽、干燥的室内进行冷却待接，并在棉塞上喷5%石炭酸或0.25%新洁尔灭溶液，以防杂菌感染。灭菌结束后，尽快用干麻袋覆盖菌种瓶（袋）堆，以防止过多冷凝水析出，引起部分麦粒吸水膨胀，导致污染。

2.5.2 桑黄原种和栽培种的接种与培养

桑黄原种和栽培种生产工艺及技术要求基本相同。栽培种原材料可以更粗放些，菌袋装料可以多些，灭菌时间相对长些。

2.5.2.1 原种和栽培种接种

待接种瓶（袋）冷却至30℃左右，利用无菌操作技术及时接种（图2-15）。每人每次瓶（袋）数量不可过多，控制在200瓶（袋）左右。接种的规范操作过程依次为：清洁接种室、搬入接种物和待接种物、消毒、接种操作、搬出接种好的物品、接种室的清理与清洁消毒。接种前必须仔细检查作为接种物的母种或原种，选用菌丝浓密健壮、无污染的母种或原种，不使用有任何疑点的接种物。

图2-15 原种接种示意图

2.5.2.2 原种和栽培种培养

　　培养过程中要注意对环境条件的调控以及对菌种生长情况的检查。

　　环境条件调控根据培养菌种生长所需环境条件要求，对培养室内温度、湿度、光线、通风换气进行相应调控，达到菌种培养最适环境条件。经常检查培养温度，特别在高温季节，要常作检查，防止高温烧菌。在菌丝培养中，室温和料温有一定温差。一般750mL的菌种瓶，菌种生长旺盛时，培养基中央温度比室温高1℃，塑料袋中心温度要高1.5～2℃。当菌种瓶成行紧密排列在培养架上时，前排培养基中心温度比室温高1.5～2℃，中排高2～3℃；袋装种紧密排列时，温度更高，前排高2～2.5℃，中排高3～4℃。如果垫板不通风，热量不易散发，温度还会上升。所以在夏季和早秋季节制作菌种，瓶与瓶、袋与袋之间要留有空隙，以利散热降温，必要时要开门窗通风散发室内积累的热量。在低温季节培养菌种，通过菌种瓶、袋堆积培养提高温度，可节省能源消耗。一个保温条件好的菌种培养室，菌种发热量最大时，室温比自然温度要高出6～7℃，中排的温度还要比室温高2～3℃。若将菌种袋堆积培养，内部温度不易散发，中心温度可比室温高10～15℃。菌种培养室要保持空气新鲜和室内清洁卫生，相对湿度控制在65%，湿度过大时要加强通风。要调整光照，在黑暗和弱光下菌丝生长较好。

　　原种和栽培种在培养期间要经常检查，以及时淘汰劣质菌种和污染菌种。原种接种后3～5d内进行第一次检查，表面长满之前进行第二次检查，菌种长至瓶肩下至瓶或菌袋的1/2时进行第三次检查，当多数菌种长至近满时进行第四次检查。经4次检查后一切都正常的原种才为成品。栽培种应在接种后菌丝长至料深1cm左右进行第一次检查，长至1/3～1/2深度进行第二次检查，长满之前进行第三次检查。

原种和栽培种培养期间主要检查内容，一是萌发是否正常，原种和栽培种进行第一次检查时，发现萌发缓慢或菌丝细弱者，及时拣出。二是有无污染，在各次检查中，有无污染都需仔细检查，特别是原种和栽培种未长满表面之前，要仔细检查，以免污染菌落被桑黄菌丝遮盖，使污染菌种未挑出，影响以后生产。如发现有黄、绿、橘红、黑等颜色即为污染杂菌，要及时拣出培养室集中处理。污染轻的可将培养料倒出来拌一些新料重新装瓶（袋）灭菌接种；污染重的，则远离培养室集中堆积发酵或者高压灭菌处理后，用作肥料。堆积时要用塑料膜盖好，防止杂菌孢子污染环境，造成更大面积的污染。一般当菌丝生长完全覆盖培养基表面时，染菌概率下降，每周检查1次即可。袋装菌种检查时，尽量不要翻动菌袋，可先进行目测，如果发现有问题，再翻动检查。一般由菌种不纯引起的污染，往往造成20～30瓶（袋）小片污染；空气中杂菌污染，呈零星分布；由环境温度太高引起的污染，在上层床架和中间层成片发生；若是培养基消毒不彻底引起的污染，则整锅的菌袋全部污染。接种后3～4d，发现菌种块不萌发的瓶、袋，要剔出单独放置。1周后仍未萌发，要重新回锅消毒后，再进行补接种。三是活力和生长势，各次检查中，菌种的活力和生长势主要表现在菌丝的粗细、浓密程度、洁白度、整齐度等，要及时拣出菌丝细弱、稀疏、生长无力、边缘生长带不健壮不整齐的个体。

菌种培养好之后，要及时使用。一般菌丝长满瓶后7～10d，菌丝正处于最佳生长期，及时接种后，能表现出较强的适应性。存放过久，培养时间太长，不但养分消耗多，且菌丝老化，生活力显著下降，还会增加后期污染的可能性。

2.6 桑黄液体菌种的生产与应用

液体菌种的制作在工业上称为深层培养或深层发酵，食用菌液体深层发酵技术的研究始于20世纪40年代末期，1948年美国的Hunfeld等首先报道了利用液体深层发酵技术培养蘑菇菌丝体。1958年Szuess第一个用发酵罐培养羊肚菌菌丝体。我国这方面的研究开始于20世纪60年代。桑黄液体培养技术近些年迅速发展起来。

2.6.1 液体菌种的优点

液体菌种（图2-16）是用液体培养基培养而成的菌种或菌丝体。近年来，国内外正积极研究液体菌种的培养与利用。目前我国已能进行液体深层发酵的食用菌有香菇、平菇、凤尾菇、美味侧耳、鲍鱼菇、金针菇、黑木耳、猴头菇、草菇、蜜环菌、茯苓、滑菇和冬虫夏草等，其中应用最多的是香菇、平菇和黑木耳。桑黄也逐步有液体深层发酵的应用。

远景　　　　　　　　　　　　　　近景

图2-16　桑黄液体菌种

与固体菌种相比，它具有以下优点：①需要劳动力和厂房少；②产品均匀，易于控制且生产效率高；③菌种生产周期短，菌龄整齐一致；④接种方便，接于固体菌料发酵快，适宜于工厂化生产。因而受到了广大栽培者的欢迎。

2.6.2 液体菌种培养基配方

常见的有采用摇床来生产的摇瓶培养法和采用发酵罐来生产的深层培养法。若少量生产，可以用摇瓶培养法。深层培养需要一整套工业发酵设备，如锅炉、空气压缩机、空气净化系统、发酵罐等，投资大，只适用于工厂化的大规模生产。而摇瓶培养投资少，设备技术简单，适合一般菌种厂生产使用。常用的液体菌种培养基配方为：豆粉2%，玉米粉1%，葡萄糖3%，酵母粉0.5%，硫酸镁0.05%，磷酸二氢钾0.1%，其余为水，pH值6。

2.6.3 液体菌种的培养

2.6.3.1 摇床生产液体菌种

摇床生产液体菌种的工艺流程如下：培养基配制→分装→灭菌→冷却→接种→上摇床培养→一级液体种→二级液体种→应用。

（1）培养基配制。拟定适宜的培养基配方，按配方根据需要的液体总量称取好各成分，装入容器中，加水到需要量，待各成分溶解后分装入锥形瓶中，一般500mL的锥形瓶装量不超过200mL，然后塞上棉塞，121℃灭菌30min，冷却后接种。

（2）接种培养。取已培养好的斜面菌种，每支菌种接锥形瓶4~6个，接入的菌种稍带点培养基为好，能使其浮在培养基表面上，静置24h后或立即上摇床，转速110~120r/min，在该品种的适宜温度范围中振荡培养。根据生产量的需求，确定是否需要生产二级液体种。

二级液体种培养基配方同一级种，培养容器要大些，可采用5 000mL锥形瓶，每瓶装量不超过2 000mL，121℃灭菌60min，冷却后将已发酵好的一级液体种在无菌条件下，按5%~10%的比例接入5 000mL锥形瓶中，置摇床上培养，转速要适当放慢些。经一定时间的振荡培养，就可得到菌丝球分布均匀、发酵液清澈透明的液体菌种。由摇床生产的液体菌种数量较少。

2.6.3.2 发酵罐生产液体菌种

采用发酵罐生产液体菌种，要合理控制温度、通气量、pH值、泡沫、接种量和罐压并选择合理的培养方法。

（1）温度。温度是影响桑黄发酵的重要因素，可直接影响发酵过程中多种反应的速率，影响代谢和生物合成方向。此外，温度还可通过改变发酵液的性质而间接影响微生物的生物合成。因此，发酵过程中应调节合适的温度并随时注意罐温的变化。

（2）通气量。桑黄都是好气性真菌，在其生长过程中，需要充足的氧气将营养物质氧化分解，并释放能量，用于细胞生长和代谢产物的合成。如氧气供应不足，菌体的生长代谢会受到抑制。发酵液一般比较黏稠，氧在发酵液中的溶解度非常小，为了改善通气效率，发酵时必须进行搅拌，以达到最适通气量。

（3）pH值。发酵液的pH值是保证微生物正常生长的主要条件之一。pH值影响酶的活性，影响微生物细胞膜所带电荷，从而改变细胞膜的透性，影响微生物对营养物质的吸收和代谢产物的排泄；pH值还影响培养基中某些营养物质和中间代谢产物的离解，影响微生物对这些物质的利用；pH值的改变往往会引起菌体代谢途径的改变，使代谢产物发生变化。因此，必须选用合适的pH值进行发酵生产，桑黄液体发酵合适的初始pH值为6。

（4）泡沫。发酵过程中易产生泡沫。泡沫形成的原因，一是由外界引进的气流被机械地分散；二是培养基中某些成分如蛋白胨、玉米浆、黄豆粉、酵母粉等本身就是发泡性物质，过多而持久性发泡会影响发酵的正常进行，因此，在发酵过程中要采用适当的方法控制泡沫的产生。消泡方法有机械消泡法和化学消泡法两种，发酵工业中常用的是利用合成消泡剂进行化学消泡，其中应用最广泛的消泡剂是"泡敌"，它是一种聚醚类物质。优良的消泡剂必须具备消泡能力强，对人、畜和菌体无毒害，不影响产物的提取过程，对发酵设备无腐蚀性等特点。消泡剂的用量应经试验确定。

（5）培养基。发酵罐生产液体菌种要在种子罐和发酵罐中进行，一级种子培养基可以选用摇瓶培养基，二级种子用发酵培养基。发酵培养基的碳源有工业淀粉、糖蜜、工业葡萄糖、玉米粉等；氮源主要有黄豆饼粉、玉米浆、麸皮、尿素、硫酸铵等。

（6）接种量和罐压。种子罐的接种量一般为其容量的5%～7%，一级种子罐转二级种子罐、二级种子罐转发酵罐时，接种量一般为10%～30%。培养前，种子罐和发酵罐均要先空罐消毒（126℃，0.15MPa，30～40min），然后注入培养基进行再消毒（121～124℃，0.12～0.13MPa，30～40min），灭菌后逐渐降压、降温冷却至料温25～28℃、罐压0.03MPa时接种培养。培养液中消泡剂加量一般为0.03%左右。种子罐和发酵罐培养温度多维持在25～27℃；罐压为39.23～58.84kPa，通气量为每立方米培养液通入空气0.5～1.0m³/min；罐内培养基装量一般为60%～80%。

为了使培养能正常进行，在培养过程中要不断进行中间检查，以便控制好放罐时间，放罐太迟则菌丝易老化自溶，影响菌种质量。发酵好的液体菌种在使用前必须检查其质量，主要包括纯度、菌丝活力、菌球大小、数量、干重及出菇能力等，多方面检查，待检查合格后方可用于生产。

2.6.3.3 液体菌种发酵过程的质量检测

利用摇床培养少量液体菌种，终止培养后，常用目测法检定。方法是将锥形瓶摇晃并静止后，如菌丝球均匀地分布于整个锥形瓶中，发酵液清澈、无异味，具有桑黄的特别香味，表示符合质量要求。如是采用发酵罐生产大量液体菌种，为了更好地控制培养条件，达到优质高产的目的，就需要对发酵液中的污染情况、菌丝体含量、菌丝球数量和大小及代谢过程中酸度、总糖及还原糖、氨基酸、溶氧系数等的变化进行检测。现将有关检测方法介绍如下。

（1）污染的检查。污染的检查方法要求准确快速，及早发现，便于及时采取措施。常用方法如下。

①显微镜检查：在发酵过程中定时取样（每隔6～8h或12h），用接种环取2～3环发酵液涂片、镜检，如发现异常菌体或菌体碎片等情况，说明已污染。

②划线培养检查：将样品在培养基上划线，置28～30℃下培养。

③肉汤培养检查：取发酵液1环接种于酚红肉汤培养基试管中，置28～30℃下培养，如溶液由红变黄，表明发酵液中染有细菌；如溶液红色不变，则无细菌污染。

细菌酚红肉汤培养基配方：蛋白胨1%，葡萄糖0.3%，牛肉膏0.3%，氯化钠0.5%，酚红0.003%（酚红先配成1%的酒精溶液备用），pH值7.4～7.5，121℃灭菌30min。

（2）菌丝体含量测定。取不少于100mL发酵液，水洗至水相澄清，在砂芯漏斗上以已知60℃烘干重的滤纸真空抽滤，然后将菌丝体连同滤纸于60℃鼓风干燥2h，迅速称量，精确至0.01g。

$$菌丝体含量（g/100mL）= \frac{菌丝体干重（g）\times 100}{发酵液取样体积（mL）}$$

（3）菌丝球数量及大小测定。

①菌丝球数量测定：取不少于50mL的发酵液，按一定比例在带塞量筒中加水稀释，摇匀后取一定量在直径150mm的培养皿中摊匀，培养皿下垫方格纸，用方格法计数。

$$菌丝球密度（个/100mL）= \frac{菌丝球数（个）\times 100}{发酵液体积（mL）}$$

②菌丝球大小测定：在培养皿中取30个以上菌丝球排成一列，测量总长度，精确至1mm。

$$菌丝球平均直径（mm）= \frac{菌丝球总长度（mm）}{菌丝球个数（个）}$$

对于发酵液中菌丝球只占一定比例者，可先测得菌丝球占整个菌丝体的体积或质量百分数，再测其大小和数量；菌丝球以球形或拟球形、直径大于1mm、肉眼可辨者为准。

（4）酸碱度测定。桑黄在适宜的酸碱度环境中，菌丝生长最快。pH值过高或过低，对菌丝球大小、形态、活力均有影响。另外，在有异常发酵时，pH值也会有明显变化。因此，发酵过程要不断检测发酵液的酸碱度，并进行调整。一般的发酵罐都备有酸碱度调节器孔口，通过该孔口，向发酵罐内添加酸液或碱液，调节培养液的pH值。一般发酵终止时，pH值在5.0左右。酸碱度测定常采用氢氧化钠滴定法。

（5）含糖量测定。含糖量测定包括总糖的测定和还原糖测定两个方面。在培养过程中，总糖含量是不断下降的，但下降的速度与培养的进程有关。在发酵最初一段时间里，总糖下降不明显，培养中期，菌丝大量生长繁殖，降解利用基质，总糖含量迅速下降。发酵后期，由于代谢产物积累，营养消耗，菌丝生长缓慢，因此，总糖含量保持在一定水平。

在培养过程中，还原糖的变化与总糖变化相似，也分3个阶段。在培养初期，还原糖下降缓慢；中期，还原糖含量下降迅速；后期，还原糖下降又变得缓慢，但有些易发生自溶的菌类，其还原糖还会出现回升现象。因此，培养终止时，残糖含量应小于1.2%。总糖和还原糖测定常采用斐林氏法。

（6）氨基酸态氮测定。桑黄菌丝体生长过程中，释放胞外蛋白酶，降解基质中的蛋白质，产生氨基酸或短肽，一部分被菌丝吸收利用，另一部分积累在培养液中。在培养初期，氨基酸态氮含量迅速增加；末期，氨基酸态氮的含量又处于缓增状态。因此，放罐标准是氨基酸态氮含量不超过30mg/mL为宜。氨基酸态氮测定常采用甲醛法。

（7）体积溶解氧浓度的测定。溶解氧浓度是控制培养的最重要参数之一。桑黄在培养过程中溶解氧浓度变化有自己的规律。一般来说，从接入菌种培养开始到生长繁殖后期，溶解氧浓度不断下降，当菌体浓度达到一定值时，溶解氧浓度变化不大。到了后期，菌丝生长速度减缓，菌体逐渐衰老，耗氧逐渐减少，溶解氧浓度又明显上升。

影响溶解氧浓度的主要因素是搅拌速度和空气流速。除此之外，还与影响氧在液体中溶解和传递等的因素有关，如温度越低，氧的溶解度越高；罐压提高，氧的溶解度增加；培养基中溶质越多，氧的溶解度越小等。体积溶解氧浓度常用亚硫酸盐氧化法测定。

（8）培养液气味检查。若培养正常，在发酵罐排气处可闻到一股桑黄菇香或培养液原来具有的气味，在发酵后期，气味可能会略带酸味。若有杂菌污染，发酵12h后，可闻到酸臭味。

培养液配制好后，装入500mL容量的三角烧瓶中，每瓶装量为100mL，并加入10～15粒小玻璃珠，加棉塞后再包扎牛皮纸（双层报纸）封口，121℃灭菌30min，取出冷却到30℃以下时，接入一块约2cm^{2}的斜面菌种，于28℃下静置培养48h，旋转式摇床振荡频率为180r/min。摇床室温控制在24～25℃，培养时间在15d左右。培养结束的标准是：培养液清澈透明，液中悬浮着大量小菌丝球，并伴有桑黄特有的香味。

2.6.4　桑黄液体菌种的使用

液体菌种可作原种栽培种使用，也可以直接用来生产多糖、黄酮、三萜类化合物等，用于保健品甚至药品的生产。

2.6.4.1　作原种

取一支100mL兽用注射器，去掉针尖，换一根内径1～2mm、长100～120mm的不锈钢钢管，制成一个菌种接种器。使用前，洗净接种器并用纱布包好，经高压蒸汽灭菌，冷却后抽取液体菌种即可进行接种。

经灭菌待接入菌种的原种瓶，先要在无菌条件下去掉棉塞，并改换无菌薄膜包扎瓶口。接种时，将针管插入瓶口上的薄膜，每瓶接种量为10~15mL，要注意使液体菌种均匀分布在培养基表面，拔出针管后要立即用胶布贴封针孔，竖放在培养室的床架上进行培养。

2.6.4.2　作栽培种

液体菌种在作栽培种使用时，熟料袋栽的每袋接种量为：小袋（湿重750g）10~15mL，大袋（湿重1 500g）20~30mL。

2.7　桑黄菌种质量的鉴定

2.7.1　母种质量鉴定

菌种培养的时间越长，菌龄越大，生活力下降，菌种易老化。因此，控制转管次数，转管2~3次为宜，最多不超过4次。

2.7.1.1　外观肉眼鉴定

菌丝丛中间金黄、周围淡黄，表面呈绒毯状，均匀粗壮、富有弹性，则生命力强；菌丝已干燥、收缩或菌丝自溶，则生活力降低。

2.7.1.2　长势鉴定

菌丝生长快、整齐，浓而健壮，是优良品种。

2.7.1.3　出菇试验

菌丝生长健壮，出菇快、菇形好、产量高，为优良菌种。

2.7.2　原种和栽培种的质量鉴定

2.7.2.1　菌种传代和菌龄应在规定范围内

（1）用转管不超过5次的母种生产的原种和栽培种。

（2）原种和栽培种，在常温下保存3个月内有效。超过上述期限的菌种，即使外观健壮，生产上也不使用。

2.7.2.2　原种及栽培种外观要求

（1）菌丝生长健壮，绒状菌丝多，生长整齐。

（2）菌丝已长满培养基。

（3）菌丝金黄色至棕黄色。

（4）菌种瓶（袋）内无杂色出现和无杂菌污染。

（5）菌种瓶（袋）内无汁液渗出，反之，表明菌种老化。

（6）菌种培养基不能干缩与瓶壁分开。

2.7.2.3 桑黄优质原种和栽培种的性状

菌丝粗壮，金黄，密集，致密，外观绒毯状，清香，无异味。

2.8 桑黄菌种的保藏

菌种保藏需要挑选优良桑黄纯种，利用其孢子、菌丝细胞，人为创造低温、干燥或缺氧等条件，抑制桑黄的代谢作用，使其生命活动降低到极低的程度或处于休眠状态，从而延长桑黄菌种生命且使其菌种保持原有的性状，防止变异。在菌种保存过程中要求不死亡、不污染杂菌和不退化。常见的保藏方法有以下几种。

2.8.1 斜面低温保藏法

斜面低温保藏法即将桑黄菌丝生长良好的斜面菌种置于4℃冰箱内低温保藏的方法。一般可以保存3～6个月。每隔3～6个月转管移接一次，防止菌种老化。

为防止菌种在保存过程中积累过多的酸，在配制保存母种培养基时添加0.2％磷酸二氢钾或0.02％碳酸钙等盐类，对培养基pH值的变化能起缓冲作用。为了延长保存时间，试管口处要用塑料薄膜包扎，以防培养基失水。

2.8.2 液体石蜡保藏法

在桑黄斜面菌种试管内，注入已灭菌驱水的液体石蜡，注入量以高出斜面1cm为宜，换上无菌不透气橡胶塞，接口处固体石蜡封口，直立存放于室内，干燥或低温处保藏，一般可保藏一年以上。

液体石蜡使用前处理：121℃灭菌30min灭菌后，有水蒸气渗入，液体石蜡呈现乳浊液状态；40℃烘箱（或培养箱）中驱水，恢复透明状态。

使用液体石蜡菌种时，用接种锄从斜面上取少许菌体（带培养基），放在新鲜的培养基上，经过培养，即可应用。菌种再重新蜡封，继续保存。

2.8.3 超低温冷冻保藏法

　　桑黄常用的超低温冷冻保藏法主要是-80℃超低温冰箱冷冻保藏法。将桑黄液体培养至迅速生长期的菌悬液，加入10%～20%的无菌保护剂（甘油或牛奶）混匀后，分装到冷冻管中，4℃、-20℃分别存放1h后，放入-80℃超低温冰箱冷冻保藏。可以较长时间保持菌种活性，保藏时间1～3年。

　　在采用低温冷冻保藏法时，一般应注意以下几点。

　　（1）要选择适于冷冻干燥的菌龄细胞（迅速生长器的菌丝细胞）。

　　（2）要选择适宜的培养基，桑黄对冷冻的抵抗力常随培养基成分的变化而显示出巨大差异。

　　（3）要选择合适的菌液浓度，通常菌液浓度越高，生存率越高，保存期也越长。

　　（4）最好在菌液内不添加电解质（如NaCl等）。

　　（5）可在菌液内添加甘油、脱脂牛乳等保护剂，以防止在冷冻过程中出现大的冰晶，造成菌体大量死亡。

　　（6）应尽快进行冷冻处理。

　　（7）取用冷冻保存的菌种时，应采取速融措施，即在35～40℃温水中轻轻振荡使之迅速融解。当冷冻菌融化后，应尽量避免再次冷冻，否则菌体的存活率将显著下降。

3 桑黄栽培

3.1 桑黄生物学特性

3.1.1 形态特征

3.1.1.1 子实体

子实体野生多年生，人工栽培生长时间20~50d。呈马蹄形至扁半球形，无柄，硬而木质化（图3-1、图3-2）。初期颜色金黄色（图3-3），后期变黄褐色、暗灰褐色或黑褐色，老熟后龟裂，无皮壳，有同心环棱，管孔多层，与菌肉同色，子实层中通常有大量的锥形刚毛存在，刚毛基部膨大，顶端渐尖。

图3-1　桑黄子实体正面

图3-2　桑黄子实体反面

图3-3　菌棒上的桑黄子实体

3.1.1.2　菌丝体

菌丝体为二体型菌丝系统。菌丝的特征是：生长新区的菌丝壁薄，透明，有一主干，呈树状分枝，具不明显的简单分隔，直径3.0～6.0μm，内含物丰富；气生菌丝像生长新区的菌丝，纤维菌丝或多或少具加厚的壁，微绿色到黄色到褐色，稀少分枝，无分隔，直径1.0～3.0μm，在菌丝上有连续的不规则膨大的表皮细胞，念珠状，薄壁，偶尔呈直角分枝，内含物丰富，直径5.0～7.0μm；基内菌丝像生长新区的菌丝；无刚毛、无厚垣孢子和晶体。

3.1.1.3　菌落形态

菌落生长较慢，生长新区锯齿状，白色，轻微升起的气生菌丝体延伸到生长区的边缘；菌落白色到微带奶油黄色、黄褐色、蜜黄色；边缘茸毛状，较老的部位为棉花状和羊毛状、毡状；生长新区反面无变化，老区反面奶油黄色到黄褐色；气味轻微或无。

3.1.2　生长发育的条件

3.1.2.1　营养

桑黄菌是兼性寄生，但以腐生为主。具有很强的纤维素、木质素分解能力，生长需要碳、氮、矿物质元素、生长素等营养。人工栽培中，碳源营养主要用木屑、棉籽壳、甘蔗渣、玉米芯粉等为主要原料。氮源由麦麸、米糠、豆饼或者玉米粉等提供。矿物质需要钾、镁、钙、磷等，还需要少量的维生素B，尤其是维生素B_1。

3.1.2.2 温度

桑黄属于高温型药用真菌，菌丝生长温度以24～28℃为最佳，其出菇温度在25～30℃，温度低于25℃或高于30℃子实体生长缓慢，甚至停止。子实体最佳生长期在春、秋两季，夏季需要人工控制温度子实体方可正常生长。变温处理，如昼夜温差的刺激利于子实体的发生和生长。

3.1.2.3 湿度

桑黄生长需要吸收一定的水分来进行生理活动。培养基的水分多少，对桑黄菌丝生长和子实体分化有着密切的关系。水分过少子实体不能分化，水分过多则菌丝体生长受到抑制。桑黄菌丝体生长基质适宜含水量为65%左右，桑黄菌子实体的形成需要高湿的条件，土壤湿度达50%～60%，空气湿度达90%以上，有利于子实体的形成和生长。

3.1.2.4 光照

桑黄生长发育不同阶段，对光照的要求也不同。菌丝可以在无光照的条件下生长，黑暗状态下菌丝生长旺盛，较强光对菌丝生长有抑制作用。子实体生长需适宜的光照，以散射光为宜，光线不足或过暗会造成子实体细小、盖薄，容易形成畸形桑黄。同时也避免强光直射，光照太强则子实体的形成受到抑制。

3.1.2.5 空气环境

桑黄是好氧腐生菌，菌丝体生长阶段及子实体发育阶段均需要充足的氧气，当通气不畅、供氧不足时，则发育缓慢或停滞，生长萎缩，颜色变黄，容易感染杂菌，还容易出现畸形。所以在子实体生长期间必须加强通风，补充新鲜氧气以满足生长发育的需要是很重要的。

3.1.2.6 酸碱度

桑黄喜欢在偏酸性的培养基上生长，在培养基pH值3～7.5范围内菌丝均能生长，最适宜的pH值为5～6。pH值在4以下菌丝生长细弱，不易形成菌蕾，pH值在8以上，菌丝易提前老化，甚至萎缩。

3.2 桑黄人工栽培技术

3.2.1 培养材料准备

3.2.1.1 木质材料

（1）树种的选择。杨树、桦树、柞树、桑树等阔叶树都是栽培桑黄的良好树种，以桑树上生长的桑黄子实体入药最佳，因为桑树自身是中药材的一种，桑黄在利用桑树上的营养进行生长发育时，可以吸收桑树中的有效成分，所以桑树栽培的桑黄优于其他树种栽培的桑黄。

（2）最佳采伐期。树木休眠后至第2年萌发前，此期树干的营养最丰富，为最佳采伐期。采伐树木主要采用砍伐枝丫材或间伐两种方式，将采伐的树木放在通风阴凉处，以免长杂菌。在使用之前，将采伐下的树木和枝丫材截成15～20cm长的木段，并对木段表面进行修理，有树结的地方易长杂菌，且易扎破塑料袋，因此将其修平，去掉毛刺，避免造成生产中不必要的损失和浪费。

3.2.1.2 农产品下脚料

麦麸、棉籽壳、玉米粉、豆粉等都可以作为桑黄培养基质的组成成分，按一定比例配制培养基，实现桑黄的人工栽培。

3.2.2 菌种与菌棒的制备

3.2.2.1 母种的制备

（1）制备桑黄母种的培养基1（PDA培养基）。马铃薯200g，葡萄糖20g，琼脂15～20g，水1 000mL，pH值自然。

（2）制备桑黄母种的培养基2（桑树枝培养基）。桑树枝30g，葡萄糖30g，磷酸二氢钾1.0g，硫酸镁0.7g，麸皮15g，黄豆粉10g，琼脂20g，水1 000mL。

在无菌条件下接入桑黄菌种，28℃培养15d。

3.2.2.2 原种、栽培种的制备

（1）桑黄原种栽培种培养基（棉籽壳玉米粉培养基）。棉籽壳78%，

玉米粉20%，蔗糖1%，石膏粉1%，干料∶水1∶1.2。

（2）桑黄原种、栽培种培养基。

①称料、拌料：

称料：逐次称量好原材料备用。

拌料：先将蔗糖溶于少量水，加入混匀的棉籽壳、玉米粉和石膏粉内，然后再逐步加入剩余配方用水，注意培养料的水分适度，使其含水量为60%～65%，即用手握培养料时，指缝略有水渗出不滴为度。

②装袋：培养料装袋，每袋根据需要装450～1 200g。

③灭菌：126℃，灭菌120min。

（3）原种、栽培种接种培养。在无菌条件下接入良好的桑黄母种（或原种），于28℃恒温室内培养。优良的桑黄菌株一般30～45d即可长满菌种瓶。由于桑黄菌株极易退化，因此，接种前一定注意选择生长旺盛的菌株，否则如使用了退化的菌株，不但生长速度慢，且易染杂菌，给生产带来不必要的损失。

3.2.2.3　菌棒的制备

（1）棉籽壳玉米粉菌棒。做法同栽培种培养基制作。

（2）木段菌棒。选用直径（17～25）cm×（40～45）cm的聚丙烯菌种袋，将锯好的木段用水浸泡后，装入聚丙烯菌种袋中，细的枝丫材扎成直径16～24cm的把，扎实，以免刺破菌种袋，粗木段直接装入菌种袋中，木段的两头填充一些麦麸和木屑的混合物，这样既利于发菌，又可避免木段断面的木刺刺破菌种袋。菌棒经灭菌后，接入优良的二级麦粒菌种。将接种后的菌棒置于25℃恒温的培养室中发菌。桑黄菌最适合的生长温度为28℃，由于桑黄菌丝生活力比较弱，菌棒发菌时间长，如将菌棒放在28℃下培养，大量的菌棒堆在发菌室中，杂菌繁殖快，菌棒极易被污染，造成浪费。因此，将菌棒放在25℃的条件下可减少污染。桑黄菌在菌棒发菌阶段，应在黑暗条件下进行，空气相对湿度要求50%～60%，每天通风半小时，每隔5～7d菌棒上下翻动一次，一般经30～45d，菌棒便可长满菌丝。个别菌棒菌丝发育不匀，可挑出单放。桑黄菌不宜与其他药用菌、食用菌同室发菌，由于药用菌、食用菌均为好气菌，而桑黄菌生活力弱，与其他菌同室发菌，无法与其他菌竞争培养室中的氧气，造成生长速度减慢，易染杂菌。

3.2.3 栽培场地的选择和大棚的搭建

3.2.3.1 栽培场地的选择

栽培场地应选在易管理，水、电使用比较方便的地方，有树荫处、靠近水源的地势平坦及缓坡地均可。接下来整地，去除土中的石块，为了减少病虫害的发生，在菌棒下地前，在土中撒些生石灰。

3.2.3.2 建造桑黄棚

根据桑黄的生物学特性，建造保温、保湿、通风良好、光线适量、排水顺畅、方便操作管理的桑黄大棚。要求桑黄棚地面清洁，墙壁光洁耐潮湿。桑黄棚大小要根据培养料多少而定。大棚上覆盖遮阳网或者覆盖草席，有利于温度的控制，温度可控是桑黄高产、稳产的关键。

菌棒入棚前要严格消毒，每立方米空间用甲醛10mL和高锰酸钾5g密封熏蒸24h之后使用。东北、黄淮地区利用自然温度栽培，春种以4—5月最佳，夏种以9—10月最好。

3.2.4 出菇和栽培管理

大棚搭建好后，可以将菌棒成"品"字形或正方形埋在处理好的土中，一半埋在土中，另一半露在土面上，菌袋可采用全脱袋或环割两种方式。全脱袋菌棒易干，应在菌棒上方盖一些保湿效果好的湿沙，环割一般保湿效果好。也可以采用室内层架结构进行栽培。

桑黄菌的出菇管理主要包括温度、湿度、光照、通气、除草、防杂菌等几个方面。由于桑黄菌生活力比较弱，因此管理上应细心、认真，做到随时出现问题随时解决。

3.2.4.1 温度管理

在进行桑黄栽培时，夏季高温季节，桑黄菌生长停止。为了提高桑黄产量，可以灵活利用遮阳网。早春、晚秋季节，将遮阳网放在棚内，既可遮阳，又利于棚内温度提高；菌棒发菌快，做到增产、增收；夏季高温季节，将遮阳网放在棚外，在遮阳的同时起到降温的作用。

3.2.4.2 湿度管理

为了保证桑黄子实体生长所需要的湿度条件，可以将桑黄菌棒的一端浸泡在水上，菌棒顶部同样会有桑黄子实体形成和生长。但切忌把水直接喷到子实体上，以免导致菌体霉烂。

3.2.4.3 光照

桑黄子实体的发生需要有一定的光照，子实体发生期的光照应适宜。光照太强，一方面子实体的形成受到抑制；另一方面，棚内温度升高，也抑制子实体的生长。一般棚内光照强度以200～300lx为佳。

3.2.4.4 通气

桑黄菌与其他药用真菌一样，通气是子实体形成的重要环节，氧气不足子实体生长受到抑制，子实体颜色由亮黄色变为暗黄色。每天早晚通风换气各1～2h，特殊情况还应具体分析，若温度低于20℃，通风可在中午进行。如棚内温度高达30℃时，除喷雾降温外，也可以通风换气的方式降温。通风不良易长畸形桑黄，出现畸芽要及时割掉。

当菌盖颜色由白色变浅黄色再变成黄褐色，菌盖边缘白色基本消失，边缘变黄色，菌盖开始革质化，背面弹射出黄褐色的雾状型孢子时，表明桑黄子实体已成熟，即可及时采收。

采收后的桑黄子实体可先在太阳下晾晒，然后在烘房内以50～60℃的温度烘干。烘干时要加强通气，防止闷热而霉烂，使水分控制在12%左右为宜。烘干后的桑黄要及时装入防潮性能好的大塑料袋内密封储藏，并要随时检查防霉防蛀。

4 桑黄多糖、黄酮、三萜类化合物等物质的产生机制

4.1 主要材料和器材

4.1.1 桑黄菌种

桑黄（Ph001）：由华中农业大学提供，菏泽学院微生物遗传育种实验室保藏菌种。

4.1.2 试剂

70%乙醇，0.1mol/L AlCl$_3$，香草醛-冰醋酸，乙酸乙酯，6%的苯酚，浓硫酸，0.5%可溶性淀粉，0.5%羧甲基纤维素钠溶液，0.5%的小麦秸半纤维素溶液，0.1%的果胶溶液，3.36mmol/L的邻联甲苯胺溶液，0.1mmol/L的邻苯二酚溶液，DNS（3,5-二硝基水杨酸），80mmol/L愈创木酚。

4.1.3 试剂的配制

0.1mol/L的AlCl$_3$溶液：1.34g AlCl$_3$+100mL 70%乙醇。

70%乙醇：70mL 95%乙醇+25mL蒸馏水。

香草醛—冰醋酸溶液：0.5g香草醛+10mL冰醋酸（现配现用，或冰箱冷藏保存）。

6%苯酚溶液：6g苯酚+100mL蒸馏水。

0.5%可溶性淀粉：取0.5g可溶性淀粉溶于100mL pH值5.8、0.1mol/L乙酸缓冲液，边搅拌边加热，煮沸冷却后即得澄清的0.5%可溶性淀粉。

0.5%羧甲基纤维素钠溶液：取0.5g羧甲基纤维素钠定溶于100mL、pH

值4.6、0.1mol/L柠檬酸盐缓冲液，边加热边搅拌，煮沸，冷却即得0.5%的羧甲基纤维素钠溶液。

0.5%的小麦秸半纤维素溶液：取0.5g小麦秸纤维素粉末定溶于100mL pH值4.6、0.1mol/L柠檬酸盐缓冲液。

0.1%的果胶溶液：取0.5g果胶粉定溶于50mL pH值4.6、0.1mol/L乙酸盐缓冲液，边加热边搅拌，煮沸，冷却后过滤。

3.36mmol/L的邻联甲苯胺溶液：取0.142g邻联甲苯胺定溶于200mL pH值4.6、0.1mol/L乙酸盐缓冲液中。

0.1mmol/L的邻苯二酚溶液：取0.022g邻苯二酚定溶于200mL的水中。

DNS（3，5-二硝基水杨酸）试剂的配置：甲液，将6.9g结晶的重蒸酚溶于15.2mL10% NaOH中，稀释至69mL，在此溶液中加入6.99g亚硫酸氢钠。乙液，称取225g酒石酸钾钠溶于300mL10%的NaOH中再加入880mL 1% 3，5-二硝基水杨酸溶液。将甲、乙液混合得黄色试剂，贮于棕色瓶中，在室温下放置7～10d后使用。

4.1.4　器材

紫外分光光度计（北京普析通用仪器有限责任公司）；数显恒温水浴锅（常州市江南实验仪器厂）；台式低速离心机（上海亚荣生化仪器厂）；电子天平（沈阳龙腾电子有限公司）；冰箱（海尔集团公司）；高压蒸汽灭菌锅（日本三洋电机株式会社）；恒温摇床；托盘天平；离心管；移液枪；锥形瓶；超净工作台（无锡一净净化设备有限公司）；液相色谱仪（Waters ACQUITY UPLC）；质谱仪（Thermo LTQ Orbitrap XL）。

4.2　试验方法

4.2.1　培养基的配制及接菌

（1）骆婷等[43]对桑黄利用氮源情况进行了研究，结果表明，蛋白胨的效果最好，牛肉膏次之，酵母膏和氯化铵较好，硫酸铵最差。

（2）桑黄培养基中用蛋白胨作为氮源。原料为麦麸皮7%，玉米粉3%，蛋白胨2%，七水硫酸镁0.1%，磷酸二氢钾（无水）0.15%，用氢氧化钠或盐酸调pH值至6.0。

（3）麦麸皮煮沸40min后，用4层纱布过滤，取滤液（滤渣用蒸馏水洗3次），依次加入提前溶解于蒸馏水中的玉米粉、蛋白胨及无机成分。

（4）超净工作台用75%的乙醇擦拭干净，放入所需物品紫外灯照射45min，再通风15min后无菌操作接种，在28℃，180r/min的恒温摇床中培养。

（5）每隔3d在超净工作台无菌操作取样1次，每次每瓶取10mL样品，在高速离心机中离心，转速4 500r/min，离心10min。取上清液测物质活性和含量。

4.2.2　多糖的测定方法

取0.5mL上清液+0.5mL 6%的苯酚+2.5mL浓硫酸于试管中，摇匀，加塞或塑料薄膜封口，70℃水浴10min，静止15min，取3～4mL到比色皿中，测其OD值，检测波长为490nm。胞外多糖测定时上清液要稀释300倍，胞内多糖测定时上清液需稀释150倍。

4.2.3　黄酮的测定方法

取1mL上清液+4mL（0.1mol/L）$AlCl_3$+5mL 70%的乙醇于试管中，摇匀，加塞或塑料薄膜封口。在40℃的水浴锅中加热15min，摇匀，静止15min，取3～4mL于比色皿中，测其OD值，检测波长为410nm。

4.2.4　三萜类化合物的测定方法

取0.5mL上清液+0.2mL香草醛-冰醋酸+0.8mL高氯酸于试管中，摇匀，加塞或塑料薄膜封口。将此试管放在70℃的恒温水浴锅中保温10min，取出后加入乙酸乙酯定容到10mL，加塞，摇匀，静止15min，取3～4mL到比色皿中，测其OD值，检测波长为560nm。

4.2.5　酶的测定方法

淀粉酶活性测定，羧甲基纤维素酶活性测定，半纤维素酶活性测定，果胶酶活性测定，漆酶活性测定，邻苯二酚氧化酶活性测定，愈创木酚酶活性测定方法见参考杨焱的方法[40]。

4.2.6 代谢组测定

该研究利用基于气质联用（GC-MS）和液质联用（LC-MS）非靶向的方式研究了发酵液和菌丝体的代谢组。进行试验的预处理，多元统计分析包括主成分分析（PCA）、偏最小二乘法分析（PLSDA）等，揭示了不同比对组别的代谢组成的差异。利用层次聚类（HCA）和代谢物—代谢物相关性分析揭示了代谢物和样本之间的关系。最后，通过代谢通路等功能分析发现代谢物相关的生物学意义。代谢组分析所用软件见表4-1。

表4-1　代谢组分析所用软件

分析内容	软件/函数	版本	参数
预处理	Proteowizard	3.0.9	默认
	XCMS	1.42.0	设定
总离子流色谱图	R	3.2.1	默认
多元统计分析	Simca-P	13.0	设定
层次聚类分析	R/Pheatmap（）	1.0.8	默认
树状图分析	R/dendrogram（）	3.2.1	默认
关联热图	R/cor（），cor.test（）	3.2.1	默认
差异代谢物筛选	R/Wilcox.test（）	3.2.1	默认
柱状图/箱式图	R/boxplot（），barplot（）	3.2.1	默认
通路分析	Metaboanalyst	3.0	默认
代谢物关联网络分析	Cytoscape	3.0.3	默认
ROC曲线分析	SPSS	22.0	默认

4.3　结果和结论

4.3.1　多糖、黄酮、三萜类化合物的产生规律

研究发现，培养周期为15d时，3种活性物质在各种规模的扩大培养

［150/250（250mL锥形瓶里装150mL培养液，其他类推）、300/500、600/1 000、3 000/5 000］过程中，胞外多糖的生产高峰都发生在第9天（图4-1）；胞外黄酮（300/500、600/1 000、3 000/5 000）的生产高峰大部分为第15天，只有一种规模（150/250）为第9天（图4-2）；胞外三萜（300/500、600/1 000、3 000/5 000）的生产高峰都有2个峰值，第6天和第15天，第一峰值大（图4-3）。利用10L发酵罐规模培养，培养第10天，菌浓度达到最大，为30%，菌丝体产量最高，为4.621 7g/100mL（46.217mg/mL）。培养第5天，胞外三萜类化合物产量达到最大，为5.736mg/mL。培养第10天，胞外黄酮产量达到最大，为16.198mg/mL。大规模生产时，总体规律基本符合小规模试验的曲线规律，有个别日期提前或拖后一些。这与大规模培养时罐内的营养条件和环境条件的特殊性有关。

这些规律的获得，与桑黄对培养基里不同营养物质的吸收利用效率有一定的关系，从大规律来看，桑黄最先生产的活性物质是胞外三萜，其次是多糖，最后是黄酮。它们之间的消长关系对工业化生产时各种物质的适时分离及通过调节培养基成分促进某种物质的生产具有现实指导意义，为定向生产某种活性物质提供技术指导。

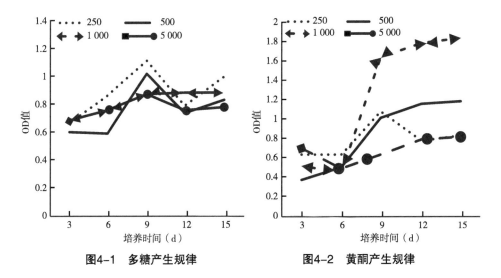

图4-1　多糖产生规律　　　　图4-2　黄酮产生规律

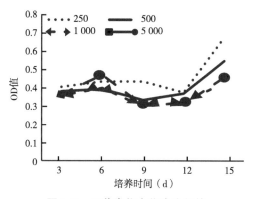

图4-3 三萜类化合物产生规律

4.3.2 酶的产生规律

（1）由图4-4可知，淀粉酶活性在开始培养时呈持续上涨趋势，在培养到达第12天时酶活性达到顶峰，后酶活性呈下降趋势。从单瓶来看，5 000mL的上涨曲线比较平滑，而250mL上升趋势比较平缓，且5 000mL的酶活量最大，250mL的最小，因此可得相同培养时间培养液越多，酶活性越大。但在培养到第15天时酶活性迅速下降，测其pH值为5.0左右，因此猜测酶活性下降可能与其pH值较低有关，换言之，此因素影响到了酶活性，导致其酶活性迅速下降，淀粉酶主要分解淀粉，所以淀粉在桑黄的代谢过程中是逐步被利用，在第12天时利用淀粉最多，因为此时酶活性最大。如果要获取淀粉酶可在第12天时收取，此时酶活性最大，可获得较多的淀粉酶。

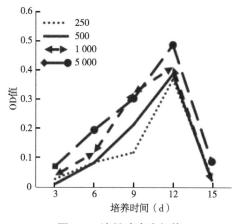

图4-4 淀粉酶产生规律

（2）由图4-5可知，羧甲基纤维素酶活性在开始培养时呈持续上涨趋势，在培养到达第12天时酶活性达到顶峰，后酶活性呈下降趋势。从单瓶来看，5 000mL的上涨曲线比较平滑，而250mL的在中间有下降趋势，因为中间换瓶取样，且5 000mL的酶活量最大，250mL的最小，因此可得相同培养时间培养液越多，酶活性越大。但在培养到第15天时酶活性迅速下降，测其pH值为5.0左右，因此猜测酶活性下降可能与其pH值较低有关，换言之，此因素影响到了酶活性，导致其酶活性迅速下降。桑黄对羧甲基纤维素钠的利用呈现逐步上升趋势，在第12天时对此物质的利用达到顶峰，如果要提取羧甲基纤维素酶应在第12天时收获。

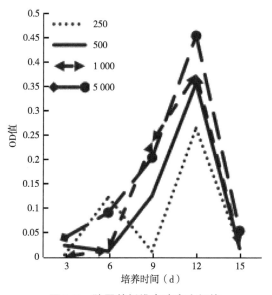

图4-5　羧甲基纤维素酶产生规律

（3）由图4-6可知，半纤维素酶活性在开始培养时呈持续上涨趋势，在培养到达第12天时酶活性达到顶峰，后酶活性呈下降趋势。从单瓶来看，5 000mL的上涨曲线比较平滑，上涨趋势较大，且5 000mL的酶活量最大，250mL的最小，因此可得相同培养时间培养液越多，酶活性越大。但在培养到第15天时酶活性迅速下降，测其pH值为5.0左右，因此猜测酶活性下降可能与其pH值较低有关，换言之，此因素影响到了酶活性，导致其酶活性迅速下降。桑黄对半纤维素的利用呈现逐步上升趋势，在第12天时对此物质的利用达到顶峰，如果要提取半纤维素酶应在第12天时收获。

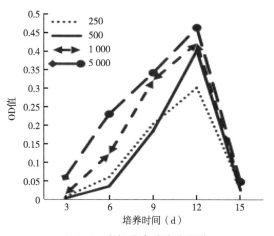

图4-6 半纤维素酶产生规律

（4）由图4-7可知，果胶酶活性在开始培养时呈持续上涨趋势，在培养到达第12天时酶活性达到顶峰，后酶活性呈下降趋势。从单瓶来看，5 000mL的上涨曲线比较平滑，而250mL的在中间有下降趋势，且5 000mL的酶活量最大，250mL的最小，因此可得相同培养时间培养液越多，酶活性越大。但在培养到第15天时酶活性迅速下降，测其pH值为5.0左右，因此猜测酶活性下降可能与其pH值较低有关，换言之，此因素影响到了酶活性，导致其酶活性迅速下降。桑黄对果胶的利用呈现逐步上升趋势，在第12天时对此物质的利用达到顶峰，如果要提取果胶酶应在第12天时收获。

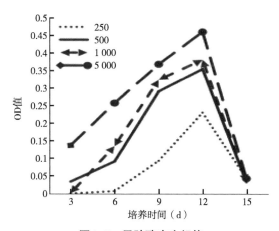

图4-7 果胶酶产生规律

（5）由图4-8可知，漆酶活性在开始培养时呈持续上涨趋势，在培养到达第12天时酶活性达到顶峰，后酶活性呈下降趋势，从单瓶来看，5 000mL的上涨曲线比较陡峭，且在中间有下降趋势，5 000mL的酶活量最大，250mL的最小，因此可得相同培养时间培养液越多，酶活性越大。但在培养到第15天时酶活性迅速下降，测其pH值为5.0左右，因此猜测酶活性下降可能与其pH值较低有关，换言之，此因素影响到了酶活性，导致其酶活性迅速下降。桑黄对木质素的利用呈现逐步上升趋势，在第12天时，对此物质的利用达到顶峰，如果要提取漆酶应在第12天时收获。

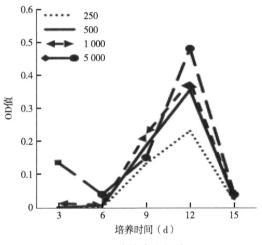

图4-8　漆酶产生规律

（6）由图4-9可知，邻苯二酚氧化酶活性在开始培养时呈持续上涨趋势，在培养到达第12天时酶活性达到顶峰，后酶活性呈下降趋势，5 000mL的酶活量最大，250mL的最小，因此可得相同培养时间培养液越多，酶活性越大。但在培养到第15天时酶活性迅速下降，测其pH值为5.0左右，因此猜测酶活性下降可能与其pH值较低有关，换言之，此因素影响到了酶活性，导致其酶活性迅速下降，如果要获取此种酶应在第12天时收取。

（7）图4-10可知，愈创木酚酶的活性，250mL、1 000mL在第6天和12天出现2个峰值；5 000mL呈现一直平稳增长趋势，500mL在第6天到第9天一直保持较稳定的活性，后期有所提高。500mL、5 000mL在第15天依然保持较高的增长态势，由此可推测，此酶的产生可能一定程度上依赖其他酶或其他酶的催化产物。

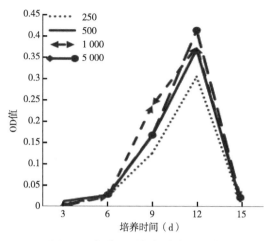

图4-9 邻苯二酚氧化酶产生规律

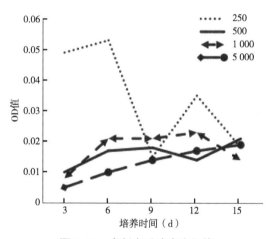

图4-10 愈创木酚酶产生规律

长期研究发现，酶高峰产生规律与培养基的组成成分、培养条件有着密切的相关性，不同的培养基组成和不同的培养条件可能导致酶活规律的较大变化。

4.3.3 代谢组测定结果

在发酵液和菌丝体中分别测定出10种和9种黄酮（表4-2和表4-3）。

表4-2 桑黄菌体中黄酮种类及变化趋势

编号	RT（min）	名称	培养阶段			
			1	2	3	4
8	5.52	牡荆素	6.94	5.34	8.34	5.66
9	6.11	异牡荆素	36.82	21.43	29.98	18.96
11	6.65	芦丁	3.03	0.00	0.00	0.00
13	7.18	柚皮苷	6.83	3.95	3.24	2.99
21	11.96	大豆苷元	5.82	3.06	2.42	2.48
23	13.17	黄豆黄素	1.80	0.96	0.82	0.59
26	14.34	木樨草素	5.46	1.94	2.05	1.20
27	14.78	染料木素	12.37	7.35	6.26	3.81
30	16.28	芹菜素	20.41	23.68	28.60	21.77

注：黄酮含量单位为ng/g。

表4-3 桑黄培养液中黄酮种类及变化趋势

编号	RT（min）	名称	培养阶段			
			1	2	3	4
8	5.52	牡荆素	0.601	0.358	0.441	0.516
9	6.11	异牡荆素	3.189	1.692	2.402	3.002
11	6.65	芦丁	0.567	0.171	0.160	0.000
13	7.18	柚皮苷	1.577	1.031	1.067	0.987
21	11.96	大豆苷元	0.304	0.150	0.253	0.216
23	13.17	黄豆黄素	0.094	0.042	0.061	0.051
26	14.34	木樨草素	0.067	0.024	0.044	0.028
27	14.78	染料木素	0.227	0.000	0.000	0.000
30	16.28	芹菜素	0.452	0.283	0.419	0.366
35	18.82	山奈素	0.088	0.000	0.000	0.000

注：黄酮含量单位为ng/mL。

菌体中出现了9种黄酮，相比培养液少了一种山奈素。

另外，对桑黄的培养进行了代谢组的跟踪研究，研究发现，在跟踪周期15d内，桑黄液体培养产生的物质有几个阶段性的变化，代谢出现显著差异，并呈现典型的阶段性特征。通过GC-MS和LC-MS结果分析，在发酵液样本中注释并获得了151个代谢物；在菌丝体样本中注释并获得了167个代谢物。测定出代谢物在发酵过程中的变化规律。这些研究结果，对于精细利用桑黄进行工业化生产具有重要的指导意义。

5 桑黄多糖、黄酮、三萜类化合物的组分及功能

5.1 桑黄多糖的组分及功能

5.1.1 主要材料和器材

5.1.1.1 材料

原料：桑黄菌丝体。

试剂：95%的乙醇，Sevage试剂（三氯甲烷：正丁醇=4∶1），无水乙醇，DEAE-纤维素，0.5mol/L NaOH，0.5mol/L HCl，pH值6.7的磷酸盐缓冲液，0.5moL/L的NaCl溶液，6%的苯酚溶液，浓硫酸。

5.1.1.2 器材

高速万能粉碎机FW100型（北京市永光明医疗仪器有限公司）

数显恒温水箱HH-W420型（常州市江南实验仪器厂）

SHK-Ⅲ循环水式多用真空泵（郑州科泰实验设备有限公司）

旋转蒸发器RE-52AA（上海亚荣生化仪器厂）

电热鼓风干燥箱101-2型（北京市永光明医疗仪器有限公司）

台式低速离心机TDL-5-A型（上海安亭科学仪器厂）

JPT-2型架盘天平（天津市天马仪器厂）

电子天平ESJ180-4型（沈阳龙腾电子有限公司）

HL-2恒流泵（上海沪西分析仪器厂有限公司）

CBS-B程控多功能全自动部分收集器（上海沪西分析仪器厂有限公司）

HZQ-F振荡培养箱（哈尔滨市东联电子技术开发有限公司）

SCD-282VBP海信冰箱［海信（北京）电器有限公司］

TU-1810DPC紫外、可见分光光度计（北京普析通用仪器有限责任公司）

MJX型智能霉菌培养箱（宁波江南仪器厂）

YJ-VS-2型双人垂直超净工作台（无锡一净净化设备有限公司）

5.1.2 试验方法

5.1.2.1 多糖组分的提取分离

（1）多糖类物质的提取。取冰箱中的桑黄菌丝体置于60℃干燥条件下的干燥箱内4h，然后在电子天平上称量至恒重后，记录数据。把准备好的菌丝体置于高速万能粉碎机粉碎2～4min，过80目筛。收集通过80目筛的菌丝体粉末，放入冰箱中备用。称取20g菌丝体粉末按1:45的料水比溶于锥形瓶中，然后运用数显恒温水箱95℃水浴3.5h。在水浴过程中有规律地振荡，使菌丝体多糖的浸提更加充分。如此重复进行2次，尽量充分提取。将热水浸提后的多糖溶液在离心机内以4 500r/min的转速离心10min，收集上清液，然后把上清液置于旋转蒸发器内在40℃的条件下，旋转蒸发浓缩至原溶液体积的1/5。在浓缩后的多糖溶液中加入3倍体积的95%乙醇，在5℃冰箱内醇沉静置过夜约11h。醇沉后离心干燥，收集桑黄粗多糖称重。取0.533g桑黄粗多糖溶于热水中，按多糖溶液体积加入0.2倍体积的Sevage试剂，混合后在180r/min的摇床上剧烈振荡30min，取出静置1h，用离心机以4 500r/min离心10min，取上清液，再加入0.2倍Sevage试剂，重复2次至无沉淀为止，收集上清液。将脱蛋白之后的多糖溶液旋转蒸发浓缩至原体积的1/5，之后加入4倍体积的无水乙醇醇沉，置于5℃冰箱环境下醇沉过夜。第二天离心，干燥，收集精多糖粉末，称重。

（2）纤维素离子交换层析获得多糖组分[44]配置洗脱溶液以备用。先用0.5mol/L NaOH溶液浸泡DEAE-纤维素30min，期间不断用玻璃棒搅拌，水洗至中性；再用0.5mol/L HCl溶液洗入烧杯中，浸泡30min，并不断用玻璃棒搅拌，水洗至中性；再用0.5mol/L NaOH溶液洗入烧杯中，浸泡30min，搅拌，水洗至中性，用蒸馏水洗入烧杯中备用。

装柱[45]：将预处理好的DEAE-纤维素用玻璃棒引流倒入层析柱中，使其自然沉落，直至距离层析柱顶端5cm左右即可。

平衡：用pH值6.7的磷酸盐缓冲液平衡层析柱，至流出液体为2～3个柱体积即可。

上样：采用动态吸附，上样体积为130mL，上样浓度为0.5mg/mL。

洗脱：待样品液面距填料表面1.5cm时，开始洗脱，洗脱液为0.5mol/L NaCl溶液。

收集检测：用自动部分收集器收集洗脱液，每管2.4mL，流速控制在1.2mL/min，苯酚—硫酸法隔管检测多糖含量。

（3）多糖标准曲线的制作。用标准品葡萄糖，配制1mg/mL标准液。然后取0mL、0.1mL、0.2mL、0.3mL、0.4mL、0.5mL、0.6mL标准液于10mL蒸馏水中（用10mL容量瓶定容），得到0μg/mL、10μg/mL、20μg/mL、30μg/mL、40μg/mL、50μg/mL、60μg/mL的梯度溶液。取各梯度液0.5mL置于试管中，加入0.5mL 6%苯酚，再加入2.5mL浓硫酸，摇匀，加塞，置于数显恒温水箱中70℃水浴10min，摇匀，静置15min。将紫外分光光度计的波长调整为490nm，测OD值，记录试验数据。

（4）多糖类物质的测定。取1mL蒸馏水置于试管中，并加入1mL 6%苯酚和5mL浓硫酸作对照。将层析完后的试管置于试管架上，分别取0.5mL层析完后的多糖溶液、0.5mL 6%苯酚溶液和2.5mL浓硫酸于试管中并摇匀，用保鲜膜封口，然后用数显恒温水箱70℃水浴10min，摇匀，静置15min。取3～4mL于比色皿中，将紫外分光光度计的波长调整为490nm，测OD值，记录试验数据。

5.1.2.2 多糖组分功能探究

多糖稀释：选取DEA以留备用。E-纤维素离子交换层析后浓度最大的几组糖溶液，分别稀释成3个不同的浓度梯度（43.486 8μL/mL、23.486 8μL/mL、13.486 8μL/mL）。

（1）抑菌能力测定。

①活化菌种：选择大肠杆菌和金黄色葡萄球菌作为试验菌种，每种菌挑取单菌落分别接种两个平板，培养过夜。

②制作菌悬液：用灭过菌的生理盐水将平板上的菌冲洗下来作为菌悬液，然后稀释成6个不同的浓度梯度，选取浓度最低的菌液再涂布接种平

板，之后，正置培养1h，再倒置培养24h，回算出原菌悬液的浓度。

③抑菌试验：分别取出两种菌的原菌悬液1mL，将原菌悬液的浓度调成统一的浓度；用移液枪取0.1mL稀释好的菌悬液涂布于培养基上，培养1h，贴上灭好菌的滤纸片，用移液枪取10μL的糖溶液滴于滤纸片上。37℃恒温培养1d，量取抑菌圈大小，进而得出多糖抑菌效果。

（2）抗氧化能力测定。

①总还原力测定（FRAP法）：

试验原理：FRAP工作液呈茶色，当遇到$FeSO_4$时会发生一系列的化学变化，使其呈蓝色。根据加入的$FeSO_4$浓度不同，会呈现一系列梯度的蓝色，且颜色深浅程度与$FeSO_4$的浓度呈线性关系，样品的总抗氧化能力通过$FeSO_4$的数量关系表现出来。

FRAP工作液的配制：FRAP工作液=醋酸钠buffer：$FeCl_3$（aq）：TPTZ（aq）=10：1：1。

称取0.028g $FeSO_4$，加水定容至100mL配制成1mmoL/L的$FeSO_4$溶液。

制作标准曲线。如表5-1所示，取8支试管，分别加入4mL FRAP工作液和0.6mL各浓度$FeSO_4$溶液，混匀。37℃，反应10min，测593nm处Abs值，以$FeSO_4$浓度为横坐标，Abs为纵坐标，绘标准曲线。经线性回归，标准曲线方程为$y=2.054\,9x-0.009$，$R^2=0.995$。

表5-1　制作标准曲线的各试剂浓度

管号	0	1	2	3	4	5	6	7
$FeSO_4$的浓度（mmoL/L）	0	0.05	0.1	0.15	0.2	0.25	0.3	0.35
1mmoL/L $FeSO_4$溶液（mL）	0	0.5	1	1.5	2	2.5	3	3.5
H_2O（mL）	10	9.5	9	8.5	8	7.5	7	6.5

黄酮组分FRAP清除率测定：

取3支试管，分别加入4mL FRAP试剂，用移液枪分别加入0.6mL 3个黄酮样品，摇匀，置于37℃恒温箱中保存10min，分别测593nm处Abs值。再根据标准曲线方程换算出黄酮样品的FRAP值。

②·O_2^-离子清除能力测定试验：

试验原理·O_2^-自由基清除率=$[1-(A_3-A_2)/A_1]\times100\%$

式中，A_1为不加样品的空白对照的光密度值；A_2为不加邻苯三酚的样品溶液的光密度值；A_3为加样品溶液和邻苯三酚的样品溶液的光密度值。

试剂配制：

50mmoL/L、pH值为8.2的Tris-HCl缓冲液：甲（Tris），称取1.121g Tris加水定容至100mL；乙（0.1mol/L HCl），0.364 6g HCl加水定容至100mL。50mL甲加22.9mL乙，加水定容至100mL，即为50mmol/L、pH值为8.2的Tris-HCl缓冲液。

3mmol/L邻苯三酚溶液：称取邻苯三酚37.8mg加入无水乙醇80mL溶解，定容为100mL。

反应过程：如表5-2所示，添加各试剂，Tris-HCl缓冲液3.8mL+各浓度样品2mL，混匀，25℃，反应10min后加入25℃预热的邻苯三酚0.2mL，混匀，25℃反应20min，测327nm处的Abs值。

表5-2 ·O_2^-自由基清除试验反应剂量

管号	A_3	A_2	A_1
50mmoL/L pH值8.2 Tris-HCl缓冲液	3.8	3.8	3.8
水（mL）	0	0	2
邻苯三酚溶液（mL）	0.2	0	0.2
0.1moL/L HCl溶液（mL）	0	0.2	0
各浓度黄酮	2	2	0

③DPPH自由基的清除能力测定：

试验原理：DPPH的乙醇溶液呈紫色，其自由基有单个电子，在517nm处有特征吸收峰，当自由基去除剂存在时，由于单电子配对从而使高吸收峰逐渐消失，醇溶液也开始褪色，且褪色程度与接受配对的电子数量呈线性关系，因而可用分光光度计进行定量分析。

DPPH自由基的清除率=[1-（As-Ab）/Ac]×100%

式中，As为样品与DPPH混合后的光密度值；Ab为样品不加DPPH的光密度值；Ac为不加样品的DPPH溶液的空白光密度值。

试剂的配制：

0.01mol/L磷酸缓冲液（PBS）：称取NaCl 8.5g，KCl 0.2g，Na₂HPO₄·12H₂O 2.85g，KH₂PO₄ 0.27g，水定容至100mL。

0.2mmol/L DPPH乙醇溶液：称取DPPH 0.007 8g，无水乙醇定容至100mL。

反应体系：如表5-3所示添加各试剂，各样品溶液2mL+DPPH 2mL+PBS 0.1mL，避光反应20min，测OD532nm。

表5-3　DPPH清除试验反应试剂

	As	Ab	Ac
PBS溶液（mL）	0.1	0.1	0.1
黄酮溶液（mL）	2	2	0
DPPH（mL）	2	0	2
无水乙醇（mL）	0	2	0
水（mL）	0	0	2

5.1.3　结果和结论

5.1.3.1　多糖的组分（表5-4）

表5-4　桑黄多糖类物质测定结果

序号	A 490nm	含量（μg/mL）	序号	A 490nm	含量（μg/mL）	序号	A 490nm	含量（μg/mL）
1	0.296	8.841 6	20	0.620	18.903 7	39	0.256	7.599 4
2	0.316	9.462 7	21	0.847	25.953 4	40	0.285	8.500 0
3	0.334	10.021 7	22	0.824	25.239 1	41	0.174	5.052 8

（续表）

序号	A 490nm	含量（μg/mL）	序号	A 490nm	含量（μg/mL）	序号	A 490nm	含量（μg/mL）
4	0.480	14.555 9	23	0.657	20.052 8	42	0.125	3.531 1
5	0.304	9.090 1	24	0.572	17.413 0	43	0.105	2.909 9
6	0.331	9.928 6	25	0.671	20.487 6	44	0.191	5.580 7
7	2.944	91.077 6	26	0.422	12.754 7	45	0.143	4.090 1
8	3.326	102.941 0	27	0.438	13.251 6	46	0.185	5.394 4
9	3.277	101.419 3	28	0.445	13.468 9	47	0.100	2.754 7
10	2.759	85.332 3	29	0.518	15.736 0	48	0.090	2.444 1
11	3.164	97.909 9	30	0.438	13.251 6	49	0.118	3.313 7
12	2.007	61.978 3	31	0.443	13.406 8	50	0.103	2.847 8
13	1.902	58.717 4	32	0.337	10.114 9	51	0.261	7.754 7
14	1.767	54.524 8	33	0.367	11.046 6	52	0.193	5.642 9
15	1.379	42.475 2	34	0.311	9.307 5	53	0.191	5.580 7
16	1.172	36.046 6	35	0.283	8.437 9	54	0.155	4.462 7
17	1.113	34.214 3	36	0.263	7.816 8	55	0.203	5.953 4
18	1.080	33.189 4	37	0.355	10.673 9			
19	1.026	31.512 4	38	0.262	7.785 7			

5.1.3.2 多糖的抑菌能力（表5-5、表5-6）

表5-5 大肠杆菌的抑菌效果

抑菌组分	抑菌圈直径①（mm）	抑菌圈直径②（mm）	抑菌圈直径③（mm）	平均值（mm）
7-1	10.00	14.00	12.00	12.00
7-2	12.00	14.00	13.00	13.00
7-3	11.00	12.00	11.50	11.50

（续表）

抑菌组分	抑菌圈直径①（mm）	抑菌圈直径②（mm）	抑菌圈直径③（mm）	平均值（mm）
8-1	12.00	9.00	10.50	10.50
8-2	11.50	9.00	10.25	10.25
8-3	11.30	8.00	9.50	9.50
9-1	10.00	12.00	11.00	11.00
9-2	11.00	11.00	11.00	11.00
9-3	10.00	9.00	9.50	9.50
10-1	11.00	8.00	9.50	9.50
10-2	9.00	11.00	10.00	10.00
10-3	8.00	9.00	8.50	8.50
链霉素	9.00	10.00	9.50	9.67
青霉素	10.00	10.50	10.50	10.33
NaCl溶液	10.00	11.00	10.00	10.33
原糖溶液	11.00	10.50	10.50	10.17

注：7-1至7-3为同一种糖组分的不同浓度，同理8-1至8-3，9-1至9-3，10-1至10-3。

表5-6 金黄色葡萄球菌的抑菌效果

抑菌组分	抑菌圈直径①（mm）	抑菌圈直径②（mm）	抑菌圈直径③（mm）	平均值（mm）
7-1	10.00	10.50	10.25	10.25
7-2	9.00	9.00	9.00	9.00
7-3	10.00	8.50	9.25	9.25
8-1	10.00	9.50	9.75	9.75
8-2	10.00	10.00	10.00	10.00
8-3	9.00	8.00	8.50	8.50
9-1	10.50	10.00	10.25	10.25
9-2	9.00	9.00	9.00	9.00
9-3	8.00	8.50	8.25	8.25

（续表）

抑菌组分	抑菌圈直径①（mm）	抑菌圈直径②（mm）	抑菌圈直径③（mm）	平均值（mm）
10-1	10.50	11.50	11.25	11.25
10-2	11.00	10.50	11.25	11.25
10-3	9.00	8.50	8.75	8.75
链霉素	11.50	11.00	11.00	11.17
青霉素	9.00	10.00	9.50	9.50
NaCl溶液	9.00	9.00	9.00	9.00
原糖溶液	10.00	9.50	9.00	9.90

注：7-1至7-3为同一种糖组分的不同浓度，同理8-1至8-3，9-1至9-3，10-1至10-3。

DEAE-纤维素离子交换层析后浓度最大的4组糖，分别稀释为4个不同的浓度梯度（43.486 8μg/mL、28.486 8μg/mL、23.486 8μg/mL、13.486 8μg/mL），4组糖中间浓度（28.486 8μg/mL）抑菌效果普遍较好，对大肠杆菌的抑菌圈分别为13mm、10.5mm、11mm、10mm（链霉素、青霉素、原糖的大肠杆菌抑菌圈分别为9.67mm、10.33mmm、10.17mm），普遍超过了链霉素、青霉素和原糖的抑菌效果；对金黄色葡萄球菌的抑菌圈分别为10.25mm、10mm、10.25mm、11.25mm（链霉素、青霉素、原糖的金黄色葡萄球菌抑菌圈分别为11.17mm，9.50mmm，9.90mm），普遍超过了青霉素和原糖的抑菌效果，个别（多糖组分10）超过了链霉素抑菌效果。为以后桑黄的基础研究和应用开发奠定基础。总体来看，糖组分的抑菌效果要高于原糖溶液，所以，纯化的桑黄多糖可以有效提高桑黄的抑菌效果。

5.1.3.3 多糖的抗氧化能力

（1）总还原力测定试验结果。4种多糖样品的最高浓度样品用来做抗氧化能力试验，稀释20倍，测得的Abs值如表5-7所示。

表5-7 各多糖样品的Abs值

多糖样品	多糖组分7	多糖组分8	多糖组分9	多糖组分10
Abs	0.226	0.163	0.198	0.215

代入标准曲线得表5-8。

表5-8 各多糖样品FRAP值

多糖样品	多糖组分7	多糖组分8	多糖组分9	多糖组分10
FRAP值	2.287	1.674	2.015	2.180

经分光光度分析得出4种多糖的总抗氧化性差距较小，多糖组分7的FRAP值最高，即总还原力多糖组分7最高，其他组分的总还原能力由大到小依次为多糖组分10、多糖组分9、多糖组分8。

（2）多糖对·O_2^-自由基清除率测定试验结果分析。从表5-9可得，从·O_2^-的清除率来看，7号多糖清除·O_2^-的能力最强，清除率为27.339%，其次为10号多糖，清除率为20.913%，多糖组分9和多糖组分8稍低，清除率分别为20.549%和13.845%。

表5-9 各多糖样品的·O_2^-自由基清除试验

多糖样品	A_3	A_2	A_1	清除率（%）
多糖组分7	2.912	0.023	3.976	27.339
多糖组分8	3.288	0.021	3.792	13.845
多糖组分9	3.116	0.019	3.898	20.549
多糖组分10	2.967	0.021	3.725	20.913

（3）DPPH自由基清除试验。如表5-10所示，可知4种多糖对DPPH自由基的清除率都较高，效果较为明显，其中7号多糖、9号多糖效果稍强，清除率达56.644%和55.607%，10号多糖及8号多糖的清除率稍弱，分别为54.573%和43.327%。

表5-10 各多糖样品的DPPH清除率

多糖样品	As	Ab	Ac	清除率（%）
多糖组分7	0.736	0.028	1.633	56.644

（续表）

多糖样品	*As*	*Ab*	*Ac*	清除率（％）
多糖组分8	0.923	0.027	1.581	43.327
多糖组分9	0.795	0.035	1.712	55.607
多糖组分10	0.781	0.031	1.651	54.573

5.2 桑黄黄酮的组分及功能

5.2.1 主要材料和器材

5.2.1.1 材料

多糖滤液（桑黄提取多糖后的黄酮粗提液）。

菌种：大肠杆菌、金黄色葡萄球菌（由菏泽学院微生物遗传育种实验室提供）。

试剂：蒸馏水，95％乙醇（AR），正丁醇（AR），AB-8大孔树脂，NaCl（AR），牛肉膏（BR），蛋白胨（BR），细菌琼脂粉，无水氯化铝（AR），注射用链霉素，注射用青霉素钠，NaOH溶液，HCl，滤纸。

5.2.1.2 器材

旋转蒸发器（上海亚荣生化仪器厂），电热鼓风干燥箱（北京市永光明医疗仪器有限公司），TU-1810紫外可见分光光度计（北京普析通用仪器有限责任公司），HL-2恒流泵（上海沪西分析仪器厂有限公司），CBS-B程控多功能全自动部分收集器（上海沪西分析仪器厂有限公司），层析柱（φ1.6cm×20cm），分液漏斗，蒸馏瓶等。

5.2.2 试验方法

5.2.2.1 黄酮组分的提取分离

（1）有机溶剂法对滤液的粗提。

①浓缩：将桑黄的多糖滤液用旋转蒸发仪在70℃时于旋转蒸发仪中旋蒸，剩余大约1/3的浓缩多糖滤液。

②萃取：用正丁醇与浓缩多糖滤液按照1∶1的比例充分混匀后于125mL分液漏斗中萃取，过一段时间后试剂分层，将下层水相溶解的杂质从分液漏斗底部管口放出，将剩余的正丁醇相即粗黄酮提取物从顶部口倒出，放在棕色瓶中保存。

③称量：把将要再次浓缩粗黄酮提取物的蒸馏瓶和一块将要给此蒸馏瓶封口的封口纸（以免瓶内药品吸水）用电子天平准确称量，并记录结果。

④浓缩烘干：将棕色瓶中粗黄酮提取液倒入已称量好的蒸馏瓶中，用旋转蒸发仪70℃将萃取的粗黄酮提取物旋蒸至膏状物质，然后用电热鼓风干燥箱60℃干燥24h至近似粉状物质。

⑤再次称量：将干燥好的蒸馏瓶及药品用封口纸封好，然后用电子天平准确称量，并记录结果。

⑥计算：根据两次称量的结果进行差值计算得出粗黄酮提取物的干重。

⑦保存：用定量70%乙醇溶解蒸馏瓶中的粗黄酮得到粗黄酮溶液。

（2）柱层析法对粗黄酮的纯化。

①树脂的选取：AB-8树脂比较适合总黄酮的提取纯化，工艺条件温和，分离效果比较好[46]。

②树脂预处理[47]：称取12g大孔树脂（18mL），将其放于小烧杯中，用约为3倍树脂体积的95%乙醇将树脂浸泡24h。用蒸馏水冲洗至流出液澄清且不再有乙醇。将树脂用5%HCl浸泡4h，用蒸馏水漂洗至中性过滤后，再用5%NaOH浸泡4h，用蒸馏水漂洗至中性，过滤，浸泡于蒸馏水中备用。

③装柱：将预处理好的树脂采用湿法装柱，用玻璃棒引流，将树脂倒入层析柱中，以避免气泡的产生。

④上样：采用动态吸附，上样体积为7.5BV（柱床体积），用70%乙醇将粗黄酮溶液稀释至0.87mg/mL[48]，上样速度用恒流泵设置为1.2mL/min。

⑤洗脱：动态洗脱，50%乙醇的洗脱液，12BV洗脱体积[49]，1.2mL/min洗脱速度，用CBS-B程控多功能全自动部分收集器均匀地将分离后液体分装多个小试管，每个试管收集2′53″，即3.46mL，形成多个纯化黄酮组分，并按顺序标号。

（3）纯化样品吸光度的测定。

①黄酮的显色反应溶液配制：每个纯化黄酮样品取1mL于试管中，用

1mL蒸馏水做空白对照，放在试管架上，标好相应的号，分别加入4mL的0.1mol/L的AlCl₃溶液、5mL的70%乙醇溶液，摇匀，用塑料薄膜封口。

②黄酮的显色反应预处理：将盛有试管的试管架放在40℃水浴锅中水浴加热10min，摇匀，静置15min。

③黄酮的吸光度检测：设置紫外光波长410nm，先用空白对照将紫外分光光度计调零，再将纯化黄酮样品从低浓度到高浓度依次倒入比色皿中，检测吸光度，并记录数据结果。

④三萜的显色反应溶液配制：每个纯化样品取0.25mL于试管中，用0.25mL蒸馏水做空白对照，放在试管架上，标好相应的号，分别加入0.1mL香草醛—冰醋酸、0.4mL高氯酸，摇匀，用塑料薄膜封口。

⑤三萜的显色反应预处理：将盛有大试管的试管架放在70℃水浴锅中水浴加热10min，乙酸乙酯定容至10mL，摇匀，静置15min。

⑥三萜的吸光度检测：设置紫外光波长560nm，先用空白对照将紫外分光光度计调零，再将纯化三萜样品从低浓度到高浓度依次倒入比色皿中，检测吸光度，并记录数据结果。

（4）纯化黄酮样品组浓度的配制。

①筛选样品：筛选出较为典型的样品14号、15号、16号管这3个相邻小试管作为纯化黄酮样品组。

②浓度梯度制备：根据含量转化公式计算出黄酮含量。将3个筛选的试管样品按照等差浓度梯度分别稀释为相同的3个等差浓度梯度。

③编号：将3个浓度梯度从高浓度到低浓度分别编号，例如14-1、14-2、14-3，依次类推。

（5）粗黄酮样品组浓度的配制。

①粗黄酮溶液浓度梯度制备：取粗黄酮溶液稀释为与纯化黄酮样品组相同的3个浓度梯度。

②编号：将3个浓度梯度按照纯化黄酮样品组相同方法编号为粗黄酮-1、粗黄酮-2、粗黄酮-3。

③阳性对照组制备：将青霉素与链霉素分别稀释至0.3mg/mL（500单位/mL）、0.5mg/mL（500单位/mL）的溶液作为阳性对照。

5.2.2.2 黄酮组分的功能探究

（1）黄酮组分抑菌能力的测定。

①牛肉膏蛋白胨培养基的制备：

称量：准确称取牛肉膏5.0g，蛋白胨10.0g，NaCl 5.0g，琼脂18.0g，蒸馏水1 000mL。

溶解：将蒸馏水倒入电磁炉锅中加热，然后将药品依次加入锅中，并用玻璃棒不断搅拌，直至完全溶解。

装瓶：将溶解后的培养基分装到三个500mL锥形瓶中。

灭菌：将锥形瓶口用报纸包装好，放入高压蒸汽灭菌锅中，121℃灭菌30min。

保存：培养基冷却凝固后，检查培养基内无杂菌生长，方可使用。

②菌种活化：

倒平板：在超净工作台内，将灭菌好并加热溶解后温度降为45℃左右的牛肉膏蛋白胨培养基倒入已灭菌的平皿中，每个倒入15mL左右，放于水平处待其冷却凝固。

划线：分别使用三区划线法和连续划线法，用金属接种环将供试菌种（大肠杆菌和金黄色葡萄球菌）接种到倒好的平皿中。

③菌悬液的配制：选取长势良好的大肠杆菌、金黄色葡萄球菌，在超净工作台内，用已经灭菌好的牙签将菌苔刮下，加入生理盐水将其做成菌悬液，倒入无菌离心管中。将菌悬液进行梯度稀释：取1mL离心管中的菌悬液加入9mL的无菌水中，此即为稀释10倍，依次类推。将稀释过的菌悬液取出0.1mL分别涂布于冷凝好的培养基上，重复3次。置于37℃恒温培养，正置培养1h后，倒置培养24h。观察每个平皿的菌数并计算平均值以及菌悬液浓度。将大肠杆菌与金黄色葡萄球菌的菌悬液都调成 5.216×10^{7} 个/mL。

④纯化黄酮与粗黄酮对不同菌种抑菌活性的测定：

材料灭菌准备：将打孔器打好的8mm的滤纸若干，空平皿，培养基，移液枪尖，涂布棒等一系列材料在高温蒸汽灭菌锅中121℃灭菌30min。

倒平板：在超净工作台内，将灭菌好并加热溶解后温度降为45℃左右的牛肉膏蛋白胨培养基倒入已灭菌的平皿中，每个倒入15mL，放于水平处待其冷却凝固。

标记：将平板标记上菌种及序号。

涂布：各菌种都吸取0.1mL的5.216×10^7个/mL的菌悬液并涂布于倒好的平皿的培养基上，37℃恒温正置培养1h。

加样品：在相应平皿的培养基的位置放置好滤纸片，纯化黄酮样品组和粗黄酮样品组的每个平皿放3张滤纸，对应每个样品的3个浓度梯度，抗生素的对照组每个平皿放两张滤纸，对应两种抗生素。然后每个滤纸中心分别加入相应的样品各10μL。

培养：在37℃恒温正置培养1h后，倒置培养24h。

测量计算：观察抑菌情况并测量抑菌圈大小。计算平均值，以此评价抑菌效果。

（2）黄酮组分抗氧化性的测定。方法同5.1.2.2（2）。

5.2.3 结果和结论

5.2.3.1 黄酮的组分

AB-8树脂层析得到黄酮的63个组分，见表5-11。

表5-11 黄酮三萜吸光度

编号数	1	2	3	4	5	6	7	8	9	10
黄酮吸光度	0.039	0.046	0.048	0.036	0.040	0.048	0.042	0.047	0.069	0.203
三萜吸光度	0.002	-0.040	-0.040	-0.003	-0.003	0.008	-0.004	0.002	0.018	095
编号数	11	12	13	14	15	16	17	18	19	20
黄酮吸光度	0.191	0.17	0.212	0.180	0.168	0.166	0.157	0.147	0.140	0.116
三萜吸光度	0.107	0.104	0.117	0.066	0.076	0.082	0.069	0.075	0.051	0.051
编号数	21	22	23	24	25	26	27	28	29	30
黄酮吸光度	0.122	0.103	0.102	0.101	0.100	0.087	0.092	0.091	0.075	0.070
三萜吸光度	0.049	0.050	0.040	0.049	0.048	0.03	0.033	0.025	0.050	0.021
编号数	31	32	33	34	35	36	37	38	39	40
黄酮吸光度	0.077	0.080	0.077	0.080	0.074	0.072	0.062	0.072	0.070	0.070
三萜吸光度	0.035	0.027	0.042	0.037	0.037	0.037	0.031	0.027	0.035	0.040

（续表）

编号数	41	42	43	44	45	46	47	48	49	50
黄酮吸光度	0.071	0.068	0.069	0.057	0.075	0.078	0.064	0.088	0.082	−0.01
三萜吸光度	0.037	0.002	0.030	0.036	0.036	0.026	0.026	0.028	0.034	0.036

编号数	51	52	53	54	55	56	57	58	59	60
黄酮吸光度	0.015	0.012	0.008	0.007	0.013	0.011	0.007	−0.00	0.002	0.006
三萜吸光度	0.028	0.009	0.025	0.027	0.031	0.028	0.031	0.005	0.024	0.029

编号数	61	62	63
黄酮吸光度	0.001	0.005	0.006
三萜吸光度	0.024	0.008	0.021

由表5-11知，柱层析法分离的黄酮组分中，10号管之前的样品黄酮与三萜的含量都很低，吸光度均低于0.100，10～13号管二者含量都较高，吸光度均高于0.100，14～25号管分离出纯化黄酮，黄酮吸光度均保持在0.100之上，三萜吸光度均低于0.100，在25号管之后的样品黄酮和三萜吸光度都普遍低于0.100。在14～25号管里选黄酮含量高的3个组分14、15、16进行相关试验。

5.2.3.2　黄酮的抑菌能力

（1）纯化黄酮样品组。筛选14、15、16号管作为纯化黄酮样品组样品配制原液，原因是层析的黄酮在此时达到峰值且此时三萜的吸光度低于0.100，因此黄酮的纯度和含量都较高，适合该试验的抑菌研究。AlCl$_3$显色反应法检测吸光度对应的含量时，每试管加入1mL纯化黄酮样品，14、15、16号管吸光度分别为0.180、0.168、0.166。公式计算如下：

$$y=1.867x+0.034\,4 \quad R^2=0.999\,2$$

式中，x为检测管中黄酮的质量（mg）y为吸光度。

14号管：y=0.180x=（0.180-0.034 4）/1.867=0.078 0mg，纯化黄酮浓度：0.078 0mg/mL

15号管：y=0.168x=（0.168-0.034 4）/1.867=0.071 2mg，纯化黄酮浓度：0.0712 mg/mL

16号管：$y=0.166x=$（$0.166-0.034\ 4$）$/1.867=0.070\ 0mg$，纯化黄酮浓度：$0.070\ 0mg/mL$

（2）纯化黄酮样品组配制出3个等差浓度。3个组分按照等差浓度梯度配制出$0.070\ 0mg/mL$、$0.046\ 7mg/mL$、$0.023\ 4mg/mL$ 3个浓度梯度。

（3）粗黄酮样品组。粗黄酮样品组也按照等差浓度梯度配制出3个相同的浓度梯度。

（4）抑菌效果的比较分析。

①由表5-12得知，黄酮浓度越高，抑菌圈越大。纯化黄酮样品组的抑菌圈较为显著，粗黄酮样品组抑菌圈不明显。

②由于加入的抑菌药品都为10μL，量相对比较少，所以抑菌圈整体相对较小，但是抑菌圈较显著，而且黄酮浓度越高，抑菌圈越显著，足以证明黄酮具有明显的抑菌效果。纯化黄酮样品组抑菌效果高于粗黄酮样品组；对金黄色葡萄球菌抑菌能力低于$0.07mg/mL$青霉素，高于$0.07mg/mL$链霉素的抑菌效果；对大肠杆菌的抑菌能力普遍高于$0.07mg/mL$青霉素和$0.07mg/mL$链霉素。

③可能由于粗黄酮样品含有三萜等其他有机溶质，因此黄酮单独作用抑菌效果大于黄酮与三萜共同作用抑菌效果。而且黄酮对大肠杆菌的抑菌效果比金黄色葡萄球菌的抑菌效果强，可能与大肠杆菌与金黄色葡萄球菌的敏感度不同，或者与细菌的代谢途径不同有关。

表5-12 桑黄黄酮与抗生素抑菌圈直径（mm）

	14-1	14-2	14-3	15-1	15-2	15-3	16-1	16-2	16-3	粗黄酮-1	粗黄酮-2	粗黄酮-3	青霉素	链霉素
金黄色葡萄球菌	10.2	10.0	9.0	9.5	9.0	8.5	10.0	9.3	8.5	8.7	不明显	不明显	15.6	8.8
大肠杆菌	11.5	11.2	11.0	11.3	11.1	10.8	11.4	11.2	10.7	9.2	9.0	8.6	9.5	9.0

5.2.3.3 黄酮的抗氧化能力

（1）总还原力测定试验结果。各浓度黄酮样品测得的Abs值如表5-13所示。

表5-13 各黄酮样品的Abs值

黄酮组分	黄酮组分14	黄酮组分15	黄酮组分16
Abs	0.162	0.161	0.165

代入标准曲线得表5-14。

表5-14 各黄酮样品FRAP值

黄酮组分	黄酮组分14	黄酮组分15	黄酮组分16
FRAP值	1.668	1.658	1.696

经分光光度分析得出3种黄酮的总抗氧化性差距较小，黄酮组分16的FRAP值较高，即总还原力黄酮组分16最高。

（2）黄酮对·O_2^-自由基清除率测定试验结果分析。从表5-15可知，从·O_2^-的清除率来看，14号黄酮清除·O_2^-的能力最强，清除率为10.01%，黄酮组分15和黄酮组分16稍低，清除率分别为6.33%和4.21%。

表5-15 各黄酮样品的·O_2^-自由基清除

黄酮组分	A_3	A_2	A_1	清除率（%）
黄酮组分14	2.735	0.020	3.017	10.010
黄酮组分15	2.845	0.019	3.017	6.331
黄酮组分16	2.933	0.043	3.017	4.209

（3）DPPH自由基清除试验。如表5-16所示，可知3种黄酮对DPPH自由基的清除率都较高，效果较为明显，其中14号黄酮效果稍强，清除率达16.474%，黄酮组分15和黄酮组分16的清除率稍弱，分别为14.161%和15.800%。

表5-16 各黄酮样品的DPPH清除率

黄酮组分	As	Ab	Ac	清除率（%）
黄酮组分14	0.895	0.028	1.038	16.474
黄酮组分15	0.912	0.021	1.038	14.161
黄酮组分16	0.893	0.019	1.038	15.800

5.3　桑黄三萜类化合物的组分及功能

5.3.1　主要材料和器材

5.3.1.1　材料（表5-17）

表5-17　试验材料

材料名称	来源
桑黄乙醇浸膏多糖滤液	菏泽学院微生物遗传育种实验室
乙醇	天津市永大化学试剂有限公司
正丁醇	天津市永大化学试剂有限公司
AB-8大孔树脂	北京索莱宝科技有限公司
香草醛	西陇化工股份有限公司
冰乙酸	天津市凯通化学试剂有限公司
高氯酸	天津市凯通化学试剂有限公司
乙酸乙酯	西陇化工股份有限公司
蒸馏水	菏泽学院微生物遗传育种实验室
牛肉膏	北京奥博星生物技术有限责任公司
蛋白胨	北京奥博星生物技术有限责任公司
氯化钠	天津市凯通化学试剂有限公司
葡萄糖	天津市凯通化学试剂有限公司
琼脂	北京陆桥技术股份有限公司
大肠杆菌	菏泽学院微生物遗传育种实验室
金黄色葡萄球菌	菏泽学院微生物遗传育种实验室
打孔器	菏泽学院微生物遗传育种实验室

另外还有滤纸，锥形瓶，试管，试管架，烧杯，分液漏斗，培养皿，量筒，牙签，镊子，一次性手套，封口纸，绳子等用品。

5.3.1.2 器材（表5-18）

表5-18 试验器材

器材名称	型号	来源
旋转蒸发器	RE-52AA	上海亚荣生化仪器厂
循环水式真空泵	SH2-D（111）	上海实业发展股份有限公司
电热鼓风干燥箱	101-2	北京市永光明医疗仪器有限公司
超净工作台	YJ-VS-2	无锡一净净化设备有限公司
紫外可见分光光度计	TU-1810	北京普析通用仪器有限责任公司
恒流泵	HL-2	上海沪西分析仪器有限公司
电子天平	ESJ 180-4	沈阳龙腾电子有限公司
智能霉菌培养箱	MJX	宁波江南仪器厂
大孔树脂层析柱	Q-Sephrose（$1.6 \times 20cm^2$）	菏泽学院微生物遗传育种实验室
多功能全自动部分收集器	CBS-B	上海沪西分析仪器厂有限公司
全自动高压蒸汽灭菌锅	MLS-3780	日本三洋电机株式会社
数显恒温水箱	HH-W420	常州市江南实验仪器厂

5.3.2 试验方法

5.3.2.1 三萜类化合物组分的提取分离

（1）浓缩多糖滤液。取桑黄浸液N7多糖滤液500mL于旋转蒸发器中旋转蒸发，蒸发乙醇375mL，剩余多糖滤液125mL，得桑黄乙醇浸液浓缩液。

（2）正丁醇萃取三萜。按照多糖滤液和正丁醇1：1的比例加入正丁醇，完全混匀后置于分液漏斗中进行萃取，待溶液分层后，从分液漏斗上部分出三萜正丁醇溶液，剩余滤液从下部分倒出，重复该过程3次合计得萃取液409mL。

（3）旋转蒸发正丁醇。烘干称重得粗三萜，取170mL萃取液于300mL旋转蒸发瓶中（该瓶事先烘干称重为136.263 5g且用于封口的封口纸重量为0.874 0g）旋转蒸发为膏状，然后在电鼓风干燥箱中完全干燥，称重为137.607 5g。由此可知粗三萜的质量为470mg。

（4）粗三萜中加入乙醇制成一定浓度的层析样液，在该瓶中加入14.114mL的70%乙醇轻轻摇晃使瓶中的三萜完全溶解于乙醇中，制成浓度为33.3mg/mL的粗三萜样品。

（5）大孔树脂层析。AB-8大孔树脂对三萜物质的分离纯化作用较显著[50]，故本研究用AB-8大孔树脂对粗三萜样品进行组分分离。

（6）上样。本研究采用湿法上样，上样量83.255mg，流速为1BV/h（1.2mL/min），洗脱剂为70%乙醇，上样液体积为7.5BV，洗脱液体积为3.0BV，首先称取AB-8大孔树脂10g，对AB-8大孔树脂进行预处理使大孔树脂充分活化，先用95%乙醇浸泡24h后采用大孔树脂湿法上柱，利用恒流泵对大孔树脂进行冲洗和酸碱预处理，利用恒流泵将蒸馏水加到层析柱中冲洗大孔树脂至无乙醇味。再用盐酸浸泡1h后冲洗至溶液中性，最后用10%NaOH溶液浸泡1h后用蒸馏水冲洗至洗出液中性。柱内留蒸馏水高度为5mL。准确量取粗三萜样品2.5mL加入132.5mL蒸馏水制成135mL 0.616 7mg/mL的上样液。以特定的上样速度进行上样，样品上完待吸附平衡后再用70%的乙醇进行洗脱。

（7）收集三萜组分。用全自动部分收集器以每1.5mL为1单位收集流出的组分到试管中，共收集36个组分。

（8）显色。对这36支试管中的三萜组分进行显色反应，取36支试管编号，取36支试管中的三萜组分各0.25mL加入相应的试管中，各加入0.1mL新鲜配制的香草醛—冰乙酸溶液，再各加入0.4mL的高氯酸溶液，充分混匀后用封口膜密封水浴加热10min，水浴完成后加乙酸乙酯定容至5mL，振荡摇匀静置15min。同时用蒸馏水做一组空白对照。

（9）分光光度计测定OD值。将配制好的溶液用分光光度计在560nm处测定吸光值。根据标准方程计算得出每个组分中的三萜含量。以齐墩果酸为标准品绘制标准曲线，得到回归方程$y=0.476\ 8x-0.001\ 7$ $R^2=0.999\ 0$，用回归方程计算各个组分三萜的含量。

（10）选出三萜含量多的试管进行三萜抑菌性试验。

5.3.2.2　三萜类化合物组分的功能探究

（1）三萜类化合物抑菌能力的测定。

①配制牛肉膏蛋白胨培养基。准确称取牛肉膏5g、蛋白胨10g、NaCl 5g以及琼脂20g，蒸馏水1 000mL加入药品煮开然后加入琼脂充分溶化，调节pH值在7.2~7.4。

②将配制好的培养基分装灭菌，同时将各种试验器材灭菌，将配制好的培养基分装到500mL的锥形瓶中，每瓶200mL，在高压灭菌锅中121℃灭菌30min。

③大肠杆菌和金黄色葡萄球菌的活化。首先在超净工作台中将灭好菌的培养基倒入培养皿中，冷却凝固。用接种环从大肠杆菌的菌种试管中取一环菌用三区划线的方法转接到培养基上进行活化。金黄色葡萄球菌也用同样的方法进行活化。转接完成后放到恒温培养箱中倒置培养24h。

④制备菌悬液。培养24h后取整个培养基菌落的菌置于无菌水中充分振荡制成菌悬液，用移液枪取0.1mL菌悬液，将其均匀涂布在培养皿的表面，恒温培养，然后用平板菌落计数法计算得出菌悬液的浓度。

⑤制备进行抗菌性研究的三萜组分浓度梯度。经分光光度计比色确定14号、15号和21号试管中的三萜活性物质含量较多且其他干扰组分（如黄酮）较少，故取试管14号、15号和21号的三萜溶液加入蒸馏水制成3个三萜浓度，即0.844 8mg/mL、0.084 48mg/mL、0.008 448mg/mL，分别进行抗菌性研究，并对这3个组分进行对比观察，确定这3个三萜组分的抗菌性与浓度的关系。

⑥三萜抑菌性测定。用移液枪取配制好的一定浓度的大肠杆菌和金黄色葡萄球菌的菌悬液各0.1mL于培养皿表面，用涂布棒均匀涂布在培养基表面，然后正置于恒温培养箱中（37℃）培养1h，1h以后在超净工作台上将无菌滤纸片放在涂布好菌悬液的培养皿中央。用无菌移液枪吸取配制好的每个浓度10μL的三萜溶液分别浸润滤纸片，恒温正置培养1h后倒置培养24h，观察抑菌圈的产生，并测定抑菌环的直径，每个浓度重复3次，求其平均值。同时将相同浓度的三萜粗提原液进行抑菌性检验，以便研究三萜组分纯度与抑菌性的关系。

（2）三萜类化合物抗氧化性的测定。方法同5.1.2.2（2）。

5.3.3 结果和结论

5.3.3.1 三萜类化合物的组分

试验发现AB-8大孔树脂对三萜的吸附能力较强，能利用对不同组分吸附能力的差异将三萜各组分分离出来。经过试验对比发现70%乙醇对三萜的洗脱效果较好，能比较充分地将各种三萜组分洗脱出来。整个洗脱过程持续60min，洗脱组分共36个（表5-19），经分光光度计检测吸光度得知，从16～36min洗脱出来的组分含有较多的三萜，所以可以对这几个组分进行三萜的抗菌性研究。

表5-19 样品分离提取后各组分中三萜的质量及浓度

管号	吸光值	三萜质量（mg）	三萜浓度（mg/mL）
1	−0.017	—	—
2	−0.013	—	—
3	0.01	0.025	0.1
4	0.044	0.096	0.384
5	0.062	0.134	0.536
6	0.089	0.19	0.76
7	0.082	0.176	0.704
8	0.119	0.253	1.012
9	0.121	0.257	1.028
10	0.144	0.306	1.224
11	0.093	0.199	0.796
12	0.132	0.28	1.12
13	0.122	0.259	1.036
14	0.122	0.259	1.036
15	0.099	0.211	0.844
16	0.116	0.247	0.988

（续表）

管号	吸光值	三萜质量（mg）	三萜浓度（mg/mL）
17	0.124	0.263	1.052
18	0.122	0.259	1.036
19	0.061	0.131	0.524
20	0.086	0.184	0.736
21	0.109	0.232	0.928
22	0.081	0.173	0.692
23	0.06	0.129	0.516
24	0.121	0.257	1.028
25	0.03	0.066	0.264
26	0.067	0.144	0.576
27	0.057	0.123	0.492
28	0.054	0.117	0.498
29	0.045	0.098	0.392
30	0.1	0.213	0.852
31	0.086	0.184	0.736
32	0.052	0.113	0.452
33	0.046	0.1	0.4
34	0.059	0.127	0.508
35	0.019	0.043	0.172
36	0.05	0.108	0.432

5.3.3.2 三萜类化合物的抑菌能力

（1）平板菌落计数结果。金黄色葡萄球菌：通过平板菌落计数法计算得知，原金黄色葡萄球菌菌悬液的浓度为 7.7074×10^7 个/mL。大肠杆菌：用同样的方法计数得平均值，通过计算得原大肠杆菌菌悬液的浓度为

5.216×10^7个/mL。加入无菌水调节两种菌的浓度皆为5.0×10^7个/mL。

（2）三萜的抑菌作用与浓度的关系。3个组分的三萜对大肠杆菌和金黄色葡萄球菌都有抑制作用，不同的浓度对细菌的抑制作用不同，随着三萜浓度的升高抑菌作用逐渐增强。通过表5-20说明三萜对两种细菌的抑制作用，同时显示出抑菌效果与三萜浓度的关系。通过对比纯化后的三萜组分和没有纯化的三萜粗提液样品可以发现，在相同浓度下，分离纯化后的三萜组分的抑菌圈直径比没有分离纯化的三萜粗提液抑菌圈直径大。由此得出，纯化后的三萜组分比没有纯化的三萜粗提液的抑菌效果更显著。所以桑黄三萜的抑菌效果可能不需要其他物质的共同参与而是三萜某一组分独自作用的结果。

表5-20　不同浓度三萜对大肠杆菌和金黄色葡萄球菌的抑制作用

试验组分	三萜浓度（mg/mL）	大肠杆菌抑菌圈直径（3组数据平均值）(mm)	金黄色葡萄球菌抑菌圈直径（3组数据平均值）(mm)	是否有抑制细菌的作用
三萜组分15	0.844 8	12.6	11.8	有
	0.084 48	9.8	9.2	有
	0.008 448	7.3	7	有
三萜组分16	0.844 8	13.4	12	有
	0.084 48	9.6	8.6	有
	0.008 448	6.8	6.6	有
三萜组分21	0.844 8	13	12.4	有
	0.084 48	9.8	9	有
	0.008 448	7.8	6.9	有
桑黄粗提液	0.844 8	8	8	有
	0.084 48	6.2	6.2	有
	0.008 448	6.02	6.02	有
试验空白对照	蒸馏水	—	—	无

5.3.3.3 三萜类化合物组分的抗氧化能力

（1）总还原力测定试验结果。3种三萜样品的最高浓度样品用来做抗氧化能力试验，测得的Abs值如表5-21所示。

表5-21 各三萜样品的Abs值

三萜样品	三萜组分15	三萜组分16	三萜组分21
Abs	0.166	0.157	0.163

代入标准曲线得表5-22。

表5-22 各三萜样品FRAP值

三萜样品	三萜组分15	三萜组分16	三萜组分21
FRAP值	1.706	1.620	1.677

经分光光度分析得出3种三萜的总抗氧化性差距较小，三萜组分15的FRAP值较高，即总还原力最高，达到1.706。

（2）三萜对·O_2^-自由基清除率测定试验结果分析。从表5-23可知，21号三萜清除·O_2^-的能力最强，清除率为25.252%，三萜组分15和三萜组分16稍低，清除率分别为23.478%和16.084%。

表5-23 各三萜样品的·O_2^-自由基清除试验

三萜样品	A_3	A_2	A_1	清除率（%）
三萜组分15	2.912	0.021	3.778	23.478
三萜组分16	3.288	0.022	3.892	16.084
三萜组分21	3.003	0.037	3.968	25.252

（3）DPPH自由基清除试验。如表5-24所示，可知3种三萜对DPPH自由基的清除率都较高，效果较为明显，其中三萜组分21效果稍强，清除率达54.719%，三萜组分15及三萜组分16的清除率稍弱，分别为49.378%和34.804%。

表5-24　各三萜样品的DPPH清除率

三萜组分	As	Ab	Ac	清除率（%）
三萜组分15	0.806	0.033	1.527	49.378
三萜组分16	0.957	0.026	1.428	34.804
三萜组分21	0.795	0.037	1.674	54.719

5.4　桑黄菌丝多糖的提取及多糖成分分析[34]

5.4.1　材料与方法

5.4.1.1　材料与试剂

材料：桑黄菌丝体；D-葡萄糖，D-木糖，D-半乳糖，L-阿拉伯糖，L-鼠李糖，D-乳糖；硅胶G薄层板。

Sevage试剂：三氯甲烷：正丁醇=4∶1。

展开剂：正丁醇：甲醇：氯仿：冰醋酸：水=12.5∶4.5∶5∶1.5∶1.5。

葡萄糖标准溶液：精密称取105℃下干燥恒重的分析纯葡萄糖0.058 2g，置于小烧杯中，加去离子水溶解并转移至1 000mL容量瓶中，摇匀，配制成浓度为0.058 2mg/mL葡萄糖标准溶液。

蒽酮—硫酸试剂：精密称取蒽酮200mg于100mL容量瓶中，用80%浓硫酸缓慢定容至刻度，边加边搅拌，摇匀，直至蒽酮完全溶解，此时溶液呈黄色透明状。将得到的蒽酮—硫酸试剂放于棕色瓶中置于阴凉处密封保存（当日配制使用）。

显色剂：二苯胺1g，苯胺1mL，85%磷酸5mL混合溶解于50mL丙酮溶液中。

仪器：恒温水浴锅；离心机；真空干燥箱；层析缸。

5.4.1.2　试验方法

（1）桑黄菌丝体干粉的制备。取适量（6g）桑黄菌丝体，用去离子水洗净，置50℃烘箱中干燥12h，取出后充分研磨成粉，然后用100目筛过滤，备用。

（2）试验设计。以多糖提取率为考察目标，在100℃的恒温下，分别对提取料液比（m/V，单位：g/mL）和时间进行考察，每个条件下取桑黄菌丝体干粉0.2g，按照2个因素3个水平共有9种设计方案进行桑黄菌丝体多糖的提取，按相应的提取料液比加入去离子水，于相应温度下提取相应的时间；提取液经3 500r/min离心15min，取上清液进行粗多糖的制备。

（3）醇沉法得粗多糖[51]。采用乙醇等有机试剂作沉淀剂，通过降低多糖溶液的介电常数和溶解度，使多糖从溶液中沉淀出来。精确量取所得多糖溶液的体积，与3倍体积的95%的乙醇混匀，4℃下沉淀过夜，3 500r/min离心15min，收集沉淀，干燥得桑黄粗多糖。

（4）Sevage法脱蛋白。取桑黄粗多糖溶于热水（10mL）中，按多糖溶液体积加入0.2倍Sevage试剂，混合后剧烈振荡30min，静置1h，3 500r/min离心20min，取上清液后再加入0.2倍Sevage试剂，重复此操作2次，至有机层无沉淀为止。收集上清液，从上清液中取1mL用于多糖含量测定，剩余上清液用4倍体积无水乙醇4℃沉淀多糖，第二天3 500r/min离心15min，收集沉淀，并依次用丙酮、无水乙醇、乙醚洗涤，常规干燥得脱蛋白多糖，用于多糖成分的分析。

（5）蒽酮—硫酸法测定多糖含量[52]。

①多糖得率测定：多糖得率=多糖质量/桑黄菌丝体干粉质量×100%。

②标准曲线的制作及粗多糖吸光度的测定：准确移取浓度为0.058 2mg/mL葡萄糖标准溶液0.1mL、0.2mL、0.3mL、0.4mL、0.5mL、0.6mL、0.7mL、0.8mL、0.9mL置于具塞试管中，以去离子水补足至1mL，加入蒽酮—硫酸试剂4mL，加塞，立即摇匀。迅速浸于冰水浴中冷却，各管加完后置于100℃水浴中显色10min，管口加塞，以防水分蒸发。取出，冰浴速冷至室温，以0mL对照品溶液为空白，于620nm波长处测吸光度。以标准葡萄糖含量（mg/mL）为纵坐标，以吸光度（A）为横坐标，绘制标准曲线。

取上面（4）中上清液1mL稀释8倍，再从中精确量取1mL于试管中，加入蒽酮试剂4mL，立即摇匀。迅速冷却后于100℃水浴中显色10min。取出，冰浴速冷至室温，于620nm波长处测定其吸光度。代入回归方程求出多糖溶液中多糖含量。

（6）桑黄菌丝体多糖成分分析。运用薄层色谱法分析多糖组成成分[53]。

①精确称取脱蛋白多糖10mg，10mg样品中加入5mL 1mol/L硫酸，密封试管100℃下水解4h，水解液冷却后加入足量碳酸钡中和，4 500r/min下离心10min后收集上清液，沉淀以5mL 50%乙醇洗涤后再离心，合并上清液。上清液于40℃下真空干燥，残渣溶于1mL去离子水中备用。

同样，精确称量D-葡萄糖3mg、D-木糖3mg、D-半乳糖3mg、L-阿拉伯糖3mg、L-鼠李糖3mg、D-乳糖3mg各溶于2mL去离子水中制成对照糖溶液。

②薄层色谱层析：

硅胶G薄层板：试验前取一块硅胶G板于110℃烘箱中活化1h，取出后即可使用，亦可贮于干燥器中备用。薄层表面要求平整，厚薄均匀。

点样：选取制备好的薄板一块，在距1.5cm底边的直线上选7个点，各点间距2cm，用调至1μL的移液枪于各点处分别点上不同的糖样品，样点直径尽量不超过2mm，前次样点干后才能再次复点，重复3次。

展开：以体积比12.5∶4.5∶5∶1.5∶1.5的正丁醇∶甲醇∶氯仿∶冰醋酸∶水为展开剂倒入直径为15cm的培养皿，将培养皿放入层析缸，待薄层板上样品点自然干燥后，将薄板置于盛有层析溶剂的层析缸的培养皿中，自下向上展层，当展层溶剂到达离薄板顶端约3cm处时取出薄板，前沿做一记号，用吹风机将其吹干。

显色：待薄板吹干后，均匀地喷上一层苯胺—二苯胺溶液显色剂，于85℃下显色至斑点清晰，则各糖分别显出各自的颜色。

5.4.2 结果与分析

5.4.2.1 标准曲线的绘制

以吸光度为横坐标，葡萄糖含量为纵坐标，绘制标准曲线，结果见图5-1。由图5-1可以看出，在葡萄糖含量为0.000～0.100mg/mL的范围内，葡萄糖含量与吸光度线性关系良好。经线性回归，标准曲线方程为 $y=0.106\ 0x+0.000\ 2$ $R^2=0.999$。

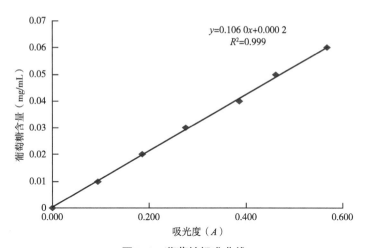

图5-1 葡萄糖标准曲线

5.4.2.2 9种方案试验结果

考察了料液比、提取时间对多糖提取率的影响。9种试验方案结果见表5-25。从表5-25可以看出，在水提温度为100℃的条件下，料液比1：45，提取时间3.5h，此时多糖提取率为3.99%，而在料液比为1：55，提取时间为4.0h的提取率最小为0.61%。

表5-25 9种试验方案结果

试验方案	料液比	提取时间（h）	提取率（%）
1	1：45	3.0	1.38
2	1：45	3.5	3.99
3	1：45	4.0	3.38
4	1：50	3.0	2.50
5	1：50	3.5	2.41
6	1：50	4.0	2.63
7	1：55	3.0	2.84
8	1：55	3.5	2.47
9	1：55	4.0	0.61

5.4.2.3 薄层色谱结果

选择展开剂体积比为12.5：4.5：5.0：1.5：1.5的正丁醇：甲醇：氯仿：冰醋酸：水薄层图谱见图5-2。由图5-2可知，点样线到溶剂前沿的距离为11.5cm，且已知公式Rf=点样线到斑点中心的距离/点样线到溶剂前沿的距离，则各糖对应的Rf值如表5-26所示。综合考虑可得出桑黄粗多糖的单糖组成接近为D-葡萄糖、D-半乳糖、L-阿拉伯糖和D-乳糖。因薄层色谱影响因素较多，如展开剂、显色剂的选择，显色时显色剂量的控制等，所以单糖种类确定、精确的单糖组成和含量需进一步运用其他技术进行分析，如气相色谱等。

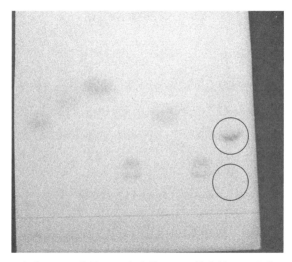

D-葡萄糖；D-木糖；L-鼠李糖；D-半乳糖；L-阿拉伯糖；D-乳糖；桑黄粗多糖

图5-2　硅胶G薄层板图谱

表5-26　各糖对应的Rf值

糖类	点样线到斑点中心的距离（cm）	Rf值
D-葡萄糖	4.7	0.41
D-木糖	5.6	0.49
L-鼠李糖	6.5	0.57

（续表）

糖类	点样线到斑点中心的距离（cm）	Rf值
D-半乳糖	2.7	0.23
L-阿拉伯糖	4.8	0.42
D-乳糖	2.75	0.24
粗多糖	2.7、4.5	0.23、0.39

5.4.3 讨论

药用真菌近年来越来越被人们重视，如桑黄具有极高的药用价值，其中以多糖为主。经过研究由于其具有多种功效，因此对多糖的研究已成为医药食品界的热门领域。

由于蒽酮—硫酸法几乎可以测定溶液中所有碳水化合物的含量，所以用该法测出的碳水化合物含量，实际上是溶液中全部可溶性碳水化合物的总量[52]。因此，蒽酮—硫酸法测定结果略高于苯酚—硫酸法，所测结果更为合理准确。

本试验考察了料液比、提取时间2个因素分别对多糖提取率的影响，结合其他考察因素得出最佳的提取条件为：在水提温度为100℃的前提下，料液比1∶45，提取时间3.5h，多糖提取率最高可达3.99%。这个桑黄多糖提取率高于游庆红等[54]的桑黄多糖提取率1.133%、尹秀莲等[55]的桑黄多糖提取率1.46%及秦俊哲等[53]的桑黄子实体多糖提取率3.43%。这个试验用一种比较简单的方法获得了较高的多糖提取率，对于桑黄多糖的工业化提取具有重要的指导意义。

运用薄层色谱法初步确定桑黄菌丝体多糖的单糖组成为D-葡萄糖、D-半乳糖、L-阿拉伯糖和D-乳糖，这与秦俊哲等[53]测定的韩国桑黄子实体多糖的单糖组成为鼠李糖、阿拉伯糖、葡萄糖、甘露糖和半乳糖，日本桑黄子实体多糖的单糖组成为鼠李糖、阿拉伯糖、木糖、葡萄糖、甘露糖和半乳糖具有较大差别，产生不同的原因有品种的原因，也可能因为菌丝体与子实体原材料不同所造成。

5.5 桑黄活性物质的研究现状[56]

5.5.1 药用真菌桑黄的研究现状

桑黄是担子菌亚门层菌纲的药用真菌[57]。菌盖宽3～12cm，子实体早期呈茶色，之后变暗；中期呈扁半球形或者是马蹄形，较大，栓质，坚硬；老时皮壳脱落，干裂，与自身菌肉颜色相同，硬，木质，上端逐渐变尖。主要生长于桑树、柳树、杨树等阔叶树的树桩和树身上，倒木上也有生长。桑黄在东亚分布广泛，在中国很多省份都有生长。

涂成荣等[58]文献记载培养基成分及比例与品种关系较大，需要不断摸索筛选适合各品种生产的配方；且桑黄利用液体发酵技术进行规模化生产已取得初步成功。

5.5.2 主要化学成分研究现状

5.5.2.1 子实体的主要化学成分研究现状

桑黄子实体中活性物质的抗肿瘤和抗氧化等功效显著，因此对桑黄子实体主要化学成分的研究对桑黄功能的开发和利用具有重要意义。钱骅等[59]发现桑黄子实体抗氧化的功效成分主要是多酚类物质及黄酮类化合物。在相同质量浓度下，对以不同方式提取的桑黄活性物质进行抗氧化活性试验，抗氧化活性依次为醇提物>醇沉上清干物>水提取>粗多糖。同时证明多糖浓度与抗氧化活性之间不是正线性相关。

丁云云等[60]利用硅胶、柱色谱及硅胶薄层制备色谱等方法，对桑黄的95%乙醇提取物进行分离纯化。从中获得11个化合物，其中有4个是首次在桑黄中发现，分别为3α-羟基木栓烷-2-酮、3-羟基木栓烷-3-烯-2-酮、尿嘧啶核苷、4-（3,4-二羟苯基）-3-丁烯-2-酮。

5.5.2.2 菌丝体及培养液的主要化学成分研究现状

桑黄具有抗肿瘤、抑菌及抗氧化等功效，但由于资源稀少，所以研究桑黄规模化培养技术成为当今研究的热点之一。李志涛等[61]使用超声波—微波协同法，通过单因素和正交试验得到桑黄菌丝体多糖最佳提取方案使桑黄菌丝体多糖产率达到5.316%。通过对小鼠免疫活性试验发现，在使用一定剂量的桑黄菌丝体多糖后，小鼠的免疫功能明显提高。李月英等[62]采用热水提取法来提取桑黄菌丝体多糖，通过试验结果得出影响桑黄菌丝体多糖提取率的3个主要因素对其影响程度的大小为提取时间>提取温度>料液比。通过采用L$_9$（3^4）正交试验得出最优桑黄菌丝体多糖的提取方案，平均提取率在此提取方案下达到6.64%。

许谦[30]采用4因素3水平正交试验，得到使桑黄菌丝体生物量和胞外活性物质多糖产量显著提高的培养基配方，该工艺为A$_3$B$_1$C$_3$D$_2$（麦麸10%，蛋白胨0.5%，KH$_2$PO$_4$ 0.35%，MgSO$_4$ 0.15%），pH值为6；在该工艺下使菌丝体生物量和胞外活性物质多糖产率达到1.007 7g/100mL，优化后的配方使菌丝体产量显著提高，可用于工业规模化生产。

刘凡等[63]通过液体发酵技术得到桑黄菌丝体提取物，并对其进行抑菌活性及结构稳定性的试验。在不同pH值的条件下，桑黄菌丝体的甲醇提取物及乙酸乙酯萃取部在不同pH值下抑菌活性大小如表5-27所示，表明在碱性环境中，桑黄菌丝体的提取物抑菌效果较差，推测该结果可能因为碱性环境破坏了桑黄菌丝体某些与抑菌活性有关的结构。

表5-27　桑黄菌丝体提取物在不同pH值下抑菌活性的变化

样品	抑菌活性（mg/mL）					
	pH值5	pH值6	pH值7	pH值8	pH值9	自然值（CK）
甲醇提取物	—	0.156	0.156	0.625	2.5	0.156
乙酸乙酯萃取部	—	0.312	0.312	0.625	2.5	0.312

许谦[33]研究发现桑黄对各种营养物质利用顺序有显著差异，淀粉、半纤维素最先被利用，其次是果胶、纤维素及木质素。该研究对桑黄培养基的优化具有指导性的意义。

韩东岐等[64]对桑黄纤孔菌发酵液的乙酸乙酯提取物进行分离纯化，从中获得12个化合物，均为首次在桑黄纤孔菌中发现，对桑黄发酵液化学成分的研究具有重要意义。邹湘月等[65]发现桑枝水提取物对桑黄菌丝体的生长和活性物质的含量及在菌丝体内的积累均呈正相关。对研究菌丝生长及活性物质的含量等具有重要参考价值。

5.5.3 桑黄活性物质的组成

5.5.3.1 黄酮类成分的研究现状

黄酮类活性物质属于多酚类化合物，其主要存在于天然植被中。经研究表明，黄酮在扩张血管、防止细胞衰老、降低血脂血糖以及增加免疫力等方面有重要作用。

彭真福等[66]采用乙醇回流的方法从桑黄提取多糖后的残渣中提取黄酮类成分。通过单因素试验和正交试验得出最佳的生产方案为：温度90℃，时间4h，料液比1∶30，乙醇体积分数60%。在该生产工艺下黄酮的提取率达到5.12%。

钱骅等[59]研究表明醇提物中含有与抗氧化功能相关的物质，其中多酚、黄酮类物质在抗氧化中起主导作用，多糖类活性物质的抗氧化性相对较弱。刘凡等[67]对野生、人工栽培以及液体发酵培养的桑黄总黄酮类物质含量及体外活性物质的功效进行研究，发现人工栽培及液体发酵培养桑黄总黄酮类活性物质的产量和体外活性物质的功效均不及野生桑黄。但由于野生桑黄稀缺，人工栽培和液体培养的桑黄可以弥补这一不足。

5.5.3.2 多糖的研究现状

真菌药物的主要活性成分之一就是真菌多糖，广泛存在于子实体、菌丝和发酵液中。由于其特殊的结构和良好的生理活性，使真菌多糖成为目前研究和开发及利用的热门方向。目前对桑黄多糖的研究主要是多糖的提取方法、功效和一级结构的分析，而寻找大规模工业化生产桑黄多糖的工艺和高活性多糖类药物将是接下来研究的主要方向[68]。

牟珍珍等[69]通过研究表明山东桑树桑黄总多糖的单糖组分为木糖、半乳糖、葡萄糖和乳糖。李乐等[70]采用低温低压的方法来提取桑黄活性多糖，这种方法不仅获得大量桑黄活性多糖，还能最大限度保护桑黄活性多糖的结构，使提取的桑黄活性多糖抗氧化能力能够达到较高水平。

5.5.3.3 萜类物质的研究现状

大型真菌萜类化合物具有多种药理活性，如抗肿瘤、抗菌、抗氧化等功效，对医学上多种疾病的临床治疗具有重要意义。因此，大型真菌中萜类化合物研究是当前非常热门的研究方向之一[71]。目前，许多三萜类化合物已作为一种天然抗癌药物应用于部分中药处方中。但是，关于三萜类化合物的研究相对较少，其特异作用范围、药理作用也有待进一步探讨[72]。

近年来，从桑黄菌中分离得到的萜类化合物有倍半萜、二萜以及三萜等。许谦[32]通过正交试验配方对桑黄液体培养基进行优化，使其能够在较短时间内获得较多的三萜类化合物，降低了生产成本，使工厂化生产的利润增加。

杨树江等[73]使用超声波仪辅助提取灵芝中的三萜类化合物，经过酸化、萃取和氮吹的方法进行处理后，再使用紫外分光光度计进行检测，能够大大缩短检测灵芝三萜类化合物的时间。张林芳等[74]通过大孔树脂对桑黄总三萜进行分离纯化发现获得总三萜的浓度要比之前提高5倍，并确定D101大孔树脂是目前分离及纯化桑黄总三萜的最佳方法。

5.5.4 桑黄活性物质结构的研究现状

真菌多糖是一种特殊的、具有复杂多样的生物活性物质，具有多种保健功能。近年来，许多科研人员对桑黄子实体多糖的结构进行研究。陆续从中分离出了数十种多糖，如单一多糖P60w1、PI11、PI21、PI31，水溶性多糖PRP，粗多糖EPS，蛋白多糖P1B等。各种多糖之间有着不同的分子结构特点。

5.5.4.1 多糖P1B结构特征

李波等[75]利用红外光谱（图5-3），对桑黄菌丝体多糖P1B组分进行定性分析，测定结果显示在红外光谱2 928cm^{-1}和1 414cm^{-1}处产生多处吸收峰，烷烃的X-H的伸缩振动区在此区间，说明P1B中具有烷基的C-H键[76]。C=O伸缩振动的红外光谱特征吸收峰出现在1 900～1 650cm^{-1}，P1B红外光谱显示1 636cm^{-1}有吸收峰，说明P1B具有C=O的结构[77]。试验证明吡喃糖的红外光谱分析中在1 200～1 000cm^{-1}有3个特征吸收峰[78]。P1B在此处有1 152cm^{-1}、1 080cm^{-1}、1 013cm^{-1} 3个吸收峰，说明P1B属于吡喃糖；糖醛酸的红外特征吸收峰为1 730～1 259cm^{-1}，P1B红外光谱显示在1 730cm^{-1}和1 259cm^{-1}之间没有吸收峰，说明P1B不含酸性多糖。

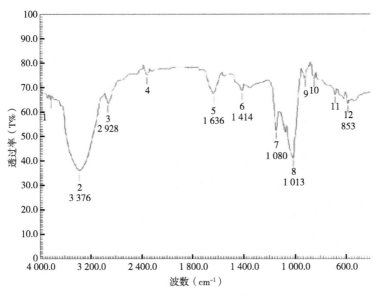

图5-3　P1B的红外光谱

魏静等[79]从桑黄菌丝体中分离纯化多糖P1B组分后，对其组成进行定性分析，单糖标准品出峰时间如图5-4所示，鼠李糖16.598min、阿拉伯糖16.831min、甘露糖21.161min、葡萄糖21.386min、半乳糖21.521min。利用同样条件，对桑黄菌丝体多糖样品进行测定，其出峰时间与标准品相比较，证实多糖P1B样品组分为鼠李糖、阿拉伯糖、葡萄糖，如图5-5所示。

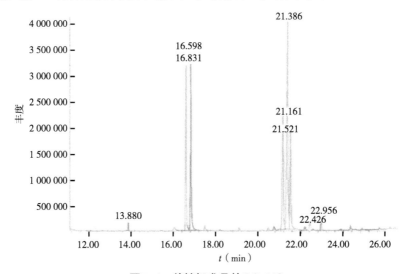

图5-4　单糖标准品的GC-MS

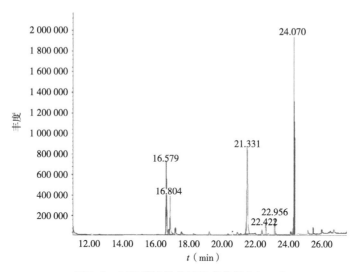

图5-5　P1B样品的单糖组成分析GC-MS

5.5.4.2　粗多糖EPS的结构特征

何培新等[80]对发酵罐发酵桑黄所产的粗多糖EPS分离纯化后，采用羧甲基琼脂糖凝胶CL-6B对其成分进行了研究，测定成分为Fr-Ⅰ和Fr-Ⅱ。利用标准曲线法测定Fr-Ⅰ和Fr-Ⅱ的相对分子质量，结果显示Fr-Ⅰ的相对分子质量为6.27×10^5，Fr-Ⅱ的相对分子质量为5.5×10^4。

除上述研究成果外，需注意不同的品种和菌丝体与子实体原材料不同可能会出现不同的多糖提取物。许谦[34]利用Sevage法将桑黄菌丝体中的蛋白质沉淀而多糖不沉淀，随后运用TLC技术对干燥的脱蛋白多糖组分进行初步分离、鉴定，结果显示，单糖组成有D-葡萄糖、D-半乳糖、L-阿拉伯糖和D-乳糖，这与魏静等[79]测定的多糖组分为鼠李糖、阿拉伯糖、葡萄糖有较大的差异。

5.5.5　桑黄活性物质功能研究现状

5.5.5.1　抗肿瘤功能

桑黄真菌能增强人体的免疫力，可激活T淋巴细胞，杀死肿瘤细胞的嵌合抗体，抑制肿瘤细胞的增殖。刘燕琳等[81]以肉瘤S180为材料，对桑黄真菌的抑瘤作用做了相关对照试验。试验发现桑黄真菌能调节*PTEN*基因与

*C-myc*基因的表达水平，这是其实现抗肿瘤功能的途径之一。*PTEN*基因可以调控某种抑制肿瘤蛋白因子的合成。多种肿瘤的出现都与*C-myc*基因有关，如肺癌、结肠癌、乳腺癌等，*C-myc*基因表达过度可使细胞无限增殖传代，发生癌变。结果显示，与对照组相比加入桑黄多糖浓度多或少均对*PTEN*基因表达起正调节作用。当加入浓度小于0.05μm时，对*C-myc*基因的表达起负调节作用。

李有贵等[82]选用体外培养的肿瘤细胞为材料，对桑黄子实体中的多酚类组分进行抗肿瘤功能测定。将分离纯化的多酚类物质配制成1∶10的活性成分液体，把肿瘤细胞放入其中培养，48h后取出观察，结果显示，肿瘤细胞的死亡率达到50%以上。

5.5.5.2　抑菌、抗炎能力

桑黄的发酵产物可降低大多数微生物的活性或阻止其繁殖，发酵产物可通过多种有机溶剂提取，如乙酸乙酯、甲醇、石油醚等。但不同溶剂提取物的抑菌效果有所差异，刘凡等[13]对其抑菌作用进行比较，结果显示，与空白组二甲基亚砜相比较，不同溶剂提取物对常见的5类菌群，即金黄色葡萄球菌、枯草芽孢杆菌、大肠杆菌、普通变形杆菌、沙门氏菌都有较好的抑制作用，其中甲醇提取物对5类菌群的抑制作用最显著，70%乙醇提取物、乙酸乙酯提取物、石油醚提取物和水提取物对5类菌群的抑制作用相仿。

程建安等[83]向小鼠腹腔注射药物二甲苯，使其耳朵肿胀。把桑黄菌丝体粉碎后，进行浸泡、煎煮。将煎煮液连续3d灌胃给小鼠，结果表明，桑黄菌丝体煎煮液对小鼠耳朵的肿胀有明显的抑制作用。综上所述，桑黄菌丝体具有一定的抑菌、抗炎能力。

5.5.5.3　抗氧化能力

体内自由基如果清理不及时会造成一定的伤害，如加速衰老、出现癌症等。研究表明，桑黄在液体培养过程中可分泌多种抗氧化性质物质，如酚、黄酮及含有类似于白藜芦醇衍生物L-组氨酸、1,2-二羟基苯结构的物质，这些物质可消除自由基对人体的不利影响。多酚分泌量最多，具有很强的抗氧化性，一是可消除铁、铜等金属离子催化作用，二是可螯合金属离子。

桑黄菌丝体也有较强的超氧阴离子清除能力和自由基清除能力，郑飞等[84]研究表明，桑黄菌丝体对羟自由基的抑制能力与菌株的生长代谢处的旺盛时期呈正相关，在第4天、第8天达到最大；对超氧阴离子的清除能力与其代谢能力也呈正相关，第8天、第10天效果最强；对DPPH自由基也有较强的清除能力，但随培养时间的增加清除能力逐渐减弱。自由基清除能力和DPPH自由基清除变化如图5-6、图5-7所示。

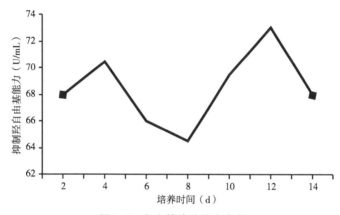

图5-6 自由基清除能力变化

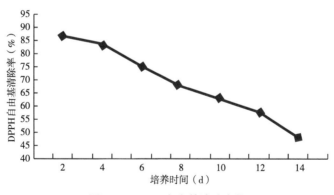

图5-7 DPPH自由基清除变化

桑黄菌丝对超氧阴离子清除效果受多种因素影响，主要表现在培养时间上。应瑞峰等[85]对不同生长期的菌丝多糖的抗氧化能力进行测定，测定结果显示，在一定范围内，桑黄菌丝的抗氧化性与培养时间呈正相关，但桑黄子实体多糖抗氧化性最佳，其次是3个月多糖、6个月多糖。

5.5.5.4 增强免疫力

李志涛等[61]提取桑黄菌丝体后，进行了动物免疫试验，试验证明桑黄菌丝体多糖能有效加强小白鼠的免疫力，并且在一定范围内，免疫力与桑黄用量呈正相关。以桑黄菌丝体多糖浓度为横坐标，以小白鼠免疫活性为纵坐标，绘制桑黄菌丝多糖用量与免疫活性变化趋势，如图5-8所示。

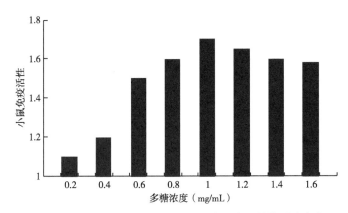

图5-8 桑黄菌丝多糖用量对小鼠细胞免疫活性的影响变化

5.5.5.5 美容、抗衰老

自由基与机体衰老密切相关，可调节和保持机体的健康。沈雪梅等[86]利用紫外可见分光光度计在517nm左右波长处测得桑黄醇提物对DPPH有强吸收；水提物对稳定的自由基具有较好的清除作用，且清除作用随其浓度的增大而增大。总之，桑黄具有美容养颜、延缓衰老的功能。

5.5.5.6 其他功效

除上述功能外，周洪英等[87]发现火木针层孔菌能直接下调急性毒性4-硝基邻苯二胺和叠氮钠血液培养基的诱变，间接下调有机合成时2-氨基芴的诱变；研究证明桑黄真菌也具抗血管生成、降血糖[88]、脾虚泄泻等功能。

6 桑黄的综合研发——培养基优化

6.1 桑黄多糖生产培养基优化[30]

6.1.1 材料与方法

6.1.1.1 试验材料

（1）桑黄（Ph001）。由华中农业大学提供，菏泽学院微生物遗传育种实验室保藏菌种。

（2）培养基。PDA培养基：去皮马铃薯200g，葡萄糖20g，琼脂15g，水1 000mL。液体培养基（正交试验设计）：碳源（玉米粉、棉籽壳、小麦麸），蛋白胨，KH_2PO_4，$MgSO_4$。

（3）仪器。电子分析天平（型号：FA1604，上海天平仪器厂），空气恒温振荡器（型号：HZQ-C，哈尔滨市东联电子技术开发有限公司），自动控制立式电蒸气灭菌机（型号：YX40011，上海三申医疗器械有限公司），强制对流电烘箱（型号：101-2，北京市永光明医疗仪器有限公司），MJX智能模具培养箱（宁波江南仪器厂），指针式电热恒温水浴锅，打孔器（直径1cm），锥形瓶（250mL）。

（4）试剂。葡萄糖（分析纯，西陇化工股份有限公司），KH_2PO_4（分析纯，西陇化工股份有限公司），$MgSO_4$（分析纯，天津市河东区红岩试剂厂），乙醇（95%）（天津市永大化学试剂有限公司），琼脂（生化试剂，天津市科密欧化学试剂有限公司）。

6.1.1.2 方法

（1）固体培养基PDA培养基（300mL）的制备。

（2）在PDA培养基上对桑黄菌丝体进行两次激活。第一次活化是把斜面菌种接种PDA平板上，将平板放入培养箱（28℃）培养15d。第二次活化是从第一次活化的平板里取菌接种在PDA平板上，放入培养箱（28℃）培养15d。

（3）液体培养基配方采用4因素3水平正交试验。4个因素分别为碳源、蛋白胨、KH_2PO_4和$MgSO_4$，每个因素3个水平。正交试验$L_9（3^4）$共有9个配方（表6-1）。

表6-1　正交试验因素和水平

水平	A（碳源）	B（蛋白胨）	C（KH_2PO_4）	D（$MgSO_4$）
1	玉米粉10%	0.50%	0.25%	0.10%
2	棉籽壳10%	1.00%	0.30%	0.15%
3	麸皮10%	1.50%	0.35%	0.20%

（4）配制液体培养基。将玉米粉、棉籽壳、麸皮加入适量水，煮沸30min。流经4层纱布过滤，滤液中加入其他试剂。碳源、蛋白胨、KH_2PO_4、$MgSO_4$培养基按表6-1配方配制。每个配方重复3次，培养基体积为150mL，置于250mL锥形瓶中，121℃灭菌30min。

（5）打孔器（直径1cm）挑取两株活化菌株的菌丝体，接种到液体培养基中，在28℃，180r/min的条件下振荡培养15d。从理论上确定了菌丝体生物量和胞外多糖产量总产量最高的最佳培养基配方。

（6）菌丝生物量测定。锥形瓶中的菌丝用8层纱布过滤，用蒸馏水冲洗3次。在60℃电热鼓风干燥箱中干燥至恒重，冷却后用电子分析天平称量菌丝体干重。

菌丝体生物量（g/100mL）=菌丝体干重/培养基体积

（7）胞外多糖产量测定。取20mL滤液与60mL 95%乙醇混合均匀，置于4℃冰箱中放置1d（每个配方重复3次），过滤，滤渣为胞外多糖，在60℃电热鼓风干燥箱中强制对流干燥至恒重，用电子分析天平称重。

胞外多糖产量（g/100mL）=胞外多糖干重/培养基体积

（8）总产量测定。

总产量（g/100mL）=菌丝体生物量+胞外多糖产量

（9）验证试验。

根据正交试验结果进行相应的验证试验。对于以总产量为指标的配方，用正交试验筛选出的总产量最高的配方7（$A_3B_1C_3D_2$）和理论上最优的配方（$A_3B_3C_3D_2$）进行验证试验（表6-2）。

表6-2 正交试验结果

	影响因子（g/150mL）				菌丝体产量（g/100mL）	胞外多糖菌丝体产量（g/100mL）	总产量（g/100mL）
	A（碳源）	B（蛋白胨）	C（KH_2PO_4）	D（$MgSO_4$）			
1	1（玉米粉15）	1（0.75）	1（0.375）	1（0.15）	0.339 0	0.099 2	0.438 2
2	1	2（1.50）	2（0.45）	2（0.225）	0.347 7	0.099 1	0.446 8
3	1	3（2.25）	3（0.525）	3（0.30）	0.494 6	0.133 3	0.627 9
4	2（棉籽壳15）	1	2	3	0.109 9	0.029 2	0.139 1
5	2	2	3	1	0.198 0	0.043 5	0.241 5
6	2	3	1	2	0.233 1	0.040 5	0.273 6
7	3（麸皮15）	1	3	2	0.960 6	0.047 1	1.007 7
8	3	2	1	3	0.730 2	0.052 1	0.782 3
9	3	3	2	1	0.862 4	0.029 3	0.891 7
总产量							
K_1	1.512 9	1.585 0	1.494 1	1.571 4			
K_2	0.654 2	1.470 6	1.477 6	1.728 1			
K_3	2.681 7	1.793 2	1.877 1	1.549 3			
k_1	0.504 3	0.528 3	0.498 0	0.523 8			
k_2	0.218 1	0.490 2	0.492 5	0.576 0			
k_3	0.893 9	0.597 7	0.625 7	0.516 4			
R	0.389 6	0.107 5	0.133 2	0.059 6			
因素主次顺序	ACBD						
最优配方	$A_3 B_3 C_3 D_2$						

6.1.2 结果

6.1.2.1 菌种活化和液体培养

桑黄菌种在PDA培养基上活化15d，然后在液体培养基中28℃、180r/min条件下培养15d。图6-1显示了桑黄活化和液体培养的一些阶段。平板活化时，桑黄菌丝开始为白色，然后变为黄色；在液体培养期间，菌球颜色由白色变为黄色。

A	B
第6天活化的固体菌种	第11天培养的液体菌种

图6-1 桑黄菌种活化和液体培养

6.1.2.2 正交试验结果

由表6-2可知，配方7的总产量最高，配方4的总产量最低，因素主次顺序为A（碳源）>C（KH$_2$PO$_4$）>B（蛋白胨）>D（MgSO$_4$），以总产量为指标，理论上最优配方为A$_3$B$_3$C$_3$D$_2$，即麦麸10%、蛋白胨1.5%、KH$_2$PO$_4$ 0.35%、MgSO$_4$ 0.15%。

由表6-3可知，培养基配方的4个因素对桑黄菌丝体总产量的影响均显著性较高，各因素的显著性顺序为A（碳源）>C（KH$_2$PO$_4$）>B（蛋白胨）>D（MgSO$_4$），其中A（碳源）对桑黄菌丝体总产量的影响最大。

表6-3 培养基配方对总产量影响的正交方差分析

差异源	平方和	自由度	均方差	F值	显著性水平
A	2.071 405	2	1.035 703	3 957.36	**
B	0.053 502	2	0.026 751	102.213 6	**

（续表）

差异源	平方和	自由度	均方差	F值	显著性水平
C	0.102 187	2	0.051 094	195.225 6	**
D	0.019 004	2	0.009 502	36.307 06	**
e_1	0	0	0.000 262		
e_2	0.004 711	18			
$F_{0.05}$（2，18）		3.54			
$F_{0.01}$（2，18）		6.01			

注：*表示显著影响，**表示非常显著影响，空白表示无显著影响。

6.1.2.3　培养基配方对总产量的影响

图6-2显示了总产量与各因素之间的关系，以总产量为指标，从理论上确定了最佳配方为麦麸10%、蛋白胨1.5%、KH_2PO_4 0.35%、$MgSO_4$ 0.15%。碳源3水平的显著性顺序为麦麸>玉米粉>棉籽壳，蛋白胨对菌丝体生物量的影响呈两极分化趋势，KH_2PO_4的百分含量仍有上升空间。

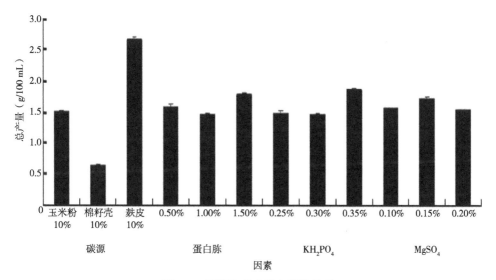

图6-2　因素和总产量之间的关系

4因素3水平设计的9个方案做成的培养基，每个培养基里接种2个菌饼，培养15d，4个因素对产量的影响不同。

6.1.2.4　验证试验结果

对正交试验得到的总产量最高的配方7（$A_3B_1C_3D_2$）和理论最优配方（$A_3B_3C_3D_2$）进行验证试验，结果表明，两种配方得到的总产量存在差异（表6-4），理论最优配方得到的总产量最大，两种配方对总产量的影响无显著差异（表6-5）。

表6-4　验证试验结果

方案	1	2	3	均值
配方7	1.025 7	1.045 8	0.948 6	1.006 7
最优配方	1.045 7	1.160 8	0.965 4	1.057 3

表6-5　配方7的方差分析及最优配方对总产量的影响

差异源	平方和	自由度	均方差	F值	显著性水平
A	0.003 841	1	0.003 841	0.625 55	
误差	0.024 558	4	0.006 139		
总和	0.028 398	5			
$F_{0.05}(1, 4)$	6.94				
$F_{0.01}(1, 4)$	7.71				

注：*表示显著影响，**表示非常显著影响，空白表示无显著影响。

6.1.3　讨论

通过4因素3水平正交试验，研究了桑黄液体培养基配方对桑黄总产量的影响。在进行正交试验前，先通过单因素试验确定各水平。3个水平为总产量最高的第1水平，另外2个水平与第1水平相比，一个较高，另一个较低。

研究发现，4个因素对总产量均有极显著影响，得到桑黄总产量的最佳液体培养基配方为麸皮10%、蛋白胨1.5%、KH_2PO_4 0.35%、$MgSO_4$ 0.15%，pH值为6，每100mL总产量1.007 7g。验证试验证明，两个配方（配方7和理论上的最优公式）对总产量的影响无显著性差异，因此为了节约成本，配方7（麦麸10%、蛋白胨0.5%、KH_2PO_4 0.35%、$MgSO_4$ 0.15%，pH值6）可用于工业化生产。

6.2 桑黄黄酮生产培养基优化[28]

6.2.1 材料与方法

6.2.1.1 材料与仪器

（1）材料与试剂。

桑黄（Ph001）：由华中农业大学提供，菏泽学院微生物遗传育种实验室保藏菌种；

KH_2PO_4、葡萄糖：AR级，西陇化工股份有限公司；

$MgSO_4$：AR级，天津市凯通化学试剂有限公司；

$AlCl_3$：AR级，天津市河东区红岩试剂厂；

无水乙醇：AR级，济南试剂总厂；

琼脂：BR级，天津市科密欧化学试剂有限公司；

蛋白胨：BR级，北京奥博星生物技术有限责任公司；

芦丁对照品：阿拉丁试剂（上海）有限公司。

（2）主要仪器设备

高压蒸汽灭菌锅：MLS-3780型，Tega SANYO Industry Co.，Ltd；

双层全温振荡器：HZQ-Y型，哈尔滨市东联电子技术开发有限公司；

电热鼓风干燥箱：101-2型，北京市永光明医疗仪器有限公司；

电热恒温水浴锅：SY2-4型，北京市医疗设备厂；

可见分光光度计：723N型，上海精密科学仪器有限公司。

6.2.1.2 方法

（1）菌种活化。

①PDA培养基：去皮马铃薯200g，切成小块加蒸馏水1 000mL煮沸30min，4层纱布过滤，滤液中加葡萄糖20g和琼脂20g，溶化后用蒸馏水补足至1 000mL，pH值自然。121℃灭菌30min，倒平板。

②菌种活化：用打孔器（直径1cm）取长满菌丝的菌饼，每个平板接一个菌饼，28℃恒温箱内培养15d。

（2）液体培养。

①液体培养基配制方法：玉米粉和麸皮加适量蒸馏水煮沸30min，4层纱布过滤，加蛋白胨、KH_2PO_4和$MgSO_4$溶解后，定容，pH值自然，分装于250mL三角烧瓶中，每瓶150mL，8层纱布封口，121℃灭菌30min。

接种量为每瓶2块菌饼（直径1cm），培养温度28℃，摇床转速160r/min，液体培养时间18d。每种培养基3个重复。

②液体培养基优化试验设计：根据前期预试验结果，进行正交试验，正交试验因素水平见表6-6。

表6-6　正交试验因素水平

水平	A（碳源）（%）	B（蛋白胨）（%）	C（KH_2PO_4）（%）	D（$MgSO_4$）（%）
1	玉米粉2.0+麸皮8.0	1.0	0.05	0.10
2	玉米粉2.5+麸皮7.5	1.5	0.10	0.15
3	玉米粉3.0+麸皮7.0	2.0	0.15	0.20

（3）$AlCl_3$比色法（427nm）标准曲线绘制。准确称量26mg芦丁置于100mL容量瓶中，用60%乙醇溶解至刻度，分别移取0mL、1.0mL、2.0mL、3.0mL、4.0mL、5.0mL于10mL容量瓶中，分别添加1% $AlCl_3$稀释至刻度，摇匀静置10min，在427nm处测定吸光度，以芦丁质量为横坐标，吸光度为纵坐标，绘制标准曲线（图6-3）。

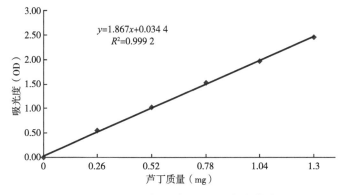

图6-3　$AlCl_3$比色法（427nm）标准曲线

（4）菌丝体的黄酮产量测定。4层纱布过滤培养液，蒸馏水洗3遍，得菌丝球，烘干至恒重，称重。

准确称取桑黄菌丝体（粉碎后过60目筛）0.5g，加60%乙醇15mL于70℃提取2h，流水冷却，定容至25mL，过滤。取滤液5mL于10mL容量瓶中，添加1% AlCl₃稀释至刻度，摇匀静置10min，在427nm处测定吸光度（3个重复）。据回归方程算出黄酮含量。按下式计算黄酮产量。

$$Y = \frac{C \times B}{1\,000}$$

式中，Y为黄酮产量（mg/L）；C为黄酮含量（mg/g）；B为菌丝体生物量（mg/L）。

6.2.2 结果与分析

6.2.2.1 正交试验计算结果

由表6-7可知，对菌丝体生物量的影响，4种因素影响水平由高到低依次为D>C>A>B，菌丝体生物量最高的为配方6（$A_2B_3C_1D_2$），最低的为配方5（$A_2B_2C_3D_1$），最优配方为$A_3B_3C_2D_2$；对黄酮产量的影响，4种因素影响水平由高到低依次为C>D>B>A，黄酮产量最高的为配方2（$A_1B_2C_2D_2$），最低的为配方1（$A_1B_1C_1D_1$），最优配方为$A_3B_3C_2D_2$。

6.2.2.2 培养基配方各因素对黄酮产量及菌丝体生物量的影响

由表6-8可知，液体培养基配方4个因素中，B、C、D 3个因素对黄酮产量都有极显著影响，因素A对黄酮产量的影响不显著。

培养基配方各因素对黄酮产量影响的方差分析结果说明，因素A（碳源）尽管保证了菌丝体合成黄酮时对各种糖的需求，但对黄酮的产生并没有造成显著影响，其他因素B、C和D（蛋白胨，KH_2PO_4和$MgSO_4$）对菌丝体黄酮产量均具有极显著的影响，所以，黄酮产量主要由培养基中的蛋白胨、KH_2PO_4、$MgSO_4$决定。造成这种结果的原因有3个，一是蛋白胨为菌体生长提供充足的氮素营养，保证了代谢物黄酮的产生；二是KH_2PO_4为菌体遗传物质的合成提供磷元素并且为协调菌体的正常生理功能提供钾元素；三是$MgSO_4$促进了与黄酮合成有关酶的产生。

由表6-9可知，液体培养基配方4个因素中，A、C、D 3个因素对菌丝体生物量都有极显著影响，B因素对菌丝体生物量有显著影响。

培养基配方各因素对菌丝体生物量影响的方差分析结果说明，菌丝体生物量主要由培养基中的因素A、C和D（碳源、KH₂PO₄、MgSO₄）决定，因素B（蛋白胨）对菌丝体的合成也起到显著的作用。

表6-7 L₉（3⁴）正交试验计算结果

配方		A（碳源）	B（蛋白胨）	C（KH$_2$PO$_4$）	D（MgSO$_4$）	菌丝体生物量（mg/L）	黄酮产量（mg/L）
1		1	1	1	1	11 836.00	66.50
2		1	2	2	2	18 812.33	201.23
3		1	3	3	3	16 029.33	170.11
4		2	1	2	3	22 415.11	190.38
5		2	2	3	1	11 281.33	68.96
6		2	3	1	2	22 503.00	154.37
7		3	1	3	2	20 225.67	145.92
8		3	2	1	3	18 897.55	130.34
9		3	3	2	1	18 702.89	195.23
菌丝体生物量	k_1	15 559.22	18 158.93	17 745.52	13 940.07		
	k_2	18 733.15	16 330.41	19 976.78	20 513.67		
	k_3	19 275.37	19 078.41	15 845.44	19 114.00		
	R	3 716.15	2 748.00	4 131.33	6 573.59		
黄酮产量	k_1	145.95	134.27	117.07	110.23		
	k_2	137.90	133.51	195.61	167.17		
	k_3	157.16	173.23	128.33	163.61		
	R	19.26	39.72	78.54	56.94		

注：菌丝体生物量及黄酮产量都是3个重复所得数据的平均值。

表6-8 培养基配方各因素对黄酮产量影响的方差分析

差异源	平方和	自由度	均方和	F值	显著性
A	39.223 39	2	19.611 7	2.245 946	
B	206.557 9	2	103.279	11.827 58	**
C	722.943 1	2	361.471 5	41.395 99	**
D	406.108 5	2	203.054 3	23.253 92	**
误差	157.176 8	18	8.732 043		

注：$F_{0.05}$（2，18）=3.54，$F_{0.01}$（2，18）=6.01。

表6-9 培养基配方各因素对菌丝体生物量影响的方差分析

差异源	平方和	自由度	均方和	F值	显著性
A	1.631 986	2	0.815 993	8.227 381	**
B	0.792 479	2	0.396 24	3.995 149	*
C	1.731 828	2	0.865 914	8.730 72	**
D	4.855 997	2	2.427 998	24.480 69	**
误差	1.785 243	18	0.099 18		

注：$F_{0.05}$（2，18）=3.54，$F_{0.01}$（2，18）=6.01。

6.2.2.3 验证试验

由表6-10可知，利用最优配方（$A_3B_3C_2D_2$）、菌丝体生物量最高配方（$A_2B_3C_1D_2$）和黄酮产量最高配方（$A_1B_2C_2D_2$）进行液体培养后，最优配方获得的菌丝体生物量和黄酮产量最高，对三者进行方差分析，3种配方对菌丝体生物量和黄酮产量的影响差距显著。综合两项指标，$A_3B_3C_2D_2$为最优配方，即玉米粉3%+麸皮7%、蛋白胨2.0%、KH_2PO_4 0.10%、$MgSO_4$ 0.15%。用这个配方进行桑黄生产，可以同时获得菌丝体生物量高产及黄酮高产。

表6-10　验证试验结果

工艺组合	菌丝体生物量（mg/L）	黄酮产量（mg/L）
A₃B₃C₂D₂	24 620.67	212.35
A₁B₂C₂D₂	19 776.33	201.40
A₂B₃C₁D₂	22 503.00	185.73

$$A_3B_3C_2D_2$$

本试验菌丝体黄酮产量为212.35mg/L，远远高于赵子高等[23]试验所得（12.805 6mg/100mL）及刘凡等[29]试验所得（186.75mg/L）。造成这种差距可能有以下几个原因：一是培养基成分差异造成了菌丝体黄酮产量的较高差异，其中赵子高等[23]和刘凡等[29]研究中没有用到蛋白胨成分是主要原因，另外本试验中麦麸的添加也是一个不可忽视的因素；二是较高转速有利于好氧型桑黄菌丝体的生长及菌丝体黄酮的生产，赵子高等[23]和刘凡等[29]研究中液体培养桑黄所用转速为150r/min，本试验所用摇床转速为160r/min；三是较大的培养基装入量适宜于菌种活性的长时间维持，为提高菌丝体产量和黄酮产量提供了物质基础，提高了生产效率，赵子高等[23]和刘凡等[29]研究中液体培养桑黄所用培养基装入量为容器的2/5，本试验所用的液体培养基装入量为容器的3/5。

6.2.3　结论

本试验在前期单因素试验的基础上，利用正交设计确定液体培养基配方，研究各配方对菌丝体生物量及黄酮产量的影响，最终通过验证试验确定了优化的液体培养基配方为A₃B₃C₂D₂（玉米粉3%+麦麸7%、蛋白胨2.0%、KH₂PO₄ 0.10%，MgSO₄ 0.15%），菌丝体黄酮产量为212.35mg/L，远远高于赵子高等[23]、刘凡等[29]的试验结果。而且本试验直接将平板活化的菌种定量接种在液体培养基里进行正交分析试验，较赵子高等[23]和刘凡等[29]增加了试验定量的准确性，并简化了一次接种工作。

本试验结果表明，利用液体培养技术能够在较短时间内生产大量桑黄菌丝体及菌丝体黄酮，不受季节和环境的限制，可以大幅度降低桑黄黄酮作为新药开发的成本。试验所确定的优化液体培养基将对工业化生产桑黄菌丝体黄酮具有一定的指导意义，应用前景广阔。

6.3 桑黄三萜类化合物生产培养基优化[32]

6.3.1 主要材料和器材

6.3.1.1 材料

（1）桑黄菌种。桑黄菌（Ph001）由华中农业大学提供，菏泽学院微生物遗传育种实验室保藏在PDA培养基里［培养基组成：200g土豆（去皮去芽），20g葡萄糖，18g琼脂，1L蒸馏水，pH值自然］。

（2）试剂。蛋白胨、琼脂粉为生化试剂；蔗糖、香草醛、齐墩果酸、乙酸乙酯、冰醋酸、KH_2PO_4和$MgSO_4$均为分析纯。

6.3.1.2 器材

MLS-3780高压蒸汽灭菌器（日本三洋电机株式会社）；BL-100G型立式压力蒸汽灭菌器（上海东亚压力容器制造有限公司）；HZQ-C空气恒温振荡器（哈尔滨市东联电子技术开发有限公司）；电子天平（沈阳龙腾电子有限公司）；电热鼓风干燥箱（北京市永光明医疗仪器有限公司）；单人单面紫外线诱变台（济南杰康净化设备厂）；HZQ-Y全温振荡器（哈尔滨市东联电子技术开发有限公司）；美的多功能电磁炉（广东美的生活电器制造有限公司）；TU-1810紫外可见分光光度计（北京普析通用仪器有限责任公司）；三用电热恒温水箱（北京长安科学仪器厂）。

6.3.2 试验方法和结果

6.3.2.1 桑黄的液体培养

玉米粉和麸皮先煮沸20min，用4层纱布过滤，滤液中加入蛋白胨、KH_2PO_4和$MgSO_4$，每个配方3个重复，每个250mL锥形瓶中加入150mL液体培养基，121℃灭菌30min。利用4因素3水平正交设计9个试验（表6-11）。

用打孔器（直径1cm）在保藏的平板菌种周围取一个菌饼，置入PDA平板中央，放入28℃恒温箱中培养15d进行活化，菌种在进行液体培养前要活化2次。

用打孔器（直径1cm）取2个已活化的菌饼接种到液体培养基中，于28℃、转速为160r/min的恒温振荡培养箱中培养18d。

表6-11　桑黄液体培养基组成因素和水平

水平	因素			
	A（碳源）用量（%）	B（蛋白胨）用量（%）	C（KH$_2$PO$_4$）用量（%）	D（MgSO$_4$）用量（%）
1	玉米粉2.5+麦麸7.5	1.0	0.05	0.10
2	玉米粉3+麦麸7	1.5	0.10	0.15
3	玉米粉3.5+麦麸6.5	2.0	0.15	0.20

6.3.2.2　菌丝体三萜类化合物产量的测定

（1）三萜类化合物回归方程的确定。称取105℃烘干至恒重的齐墩果酸1mg溶于5mL 95%酒精中，得0.2mg/mL标准溶液，分别取0mL、0.2mL、0.4mL、0.6mL、0.8mL和1.0mL标准溶液于试管中，100℃水浴驱走溶剂，加入0.4mL新配制的香草醛溶液（0.5g香草醛迅速溶解于10mL冰醋酸中，当天使用）及1.6mL高氯酸。混合物于70℃水浴15min冷却至室温，加入4mL乙酸乙酯，摇匀，静置15min后，用TU-1810紫外可见光分光光度计测定吸光度（551nm），以齐墩果酸的质量为横坐标，吸光度为纵坐标，绘制标准曲线，获得回归方程。

$$y=0.476\,8x-0.001\,7\,(R^2=0.999\,0)$$

式中，y为吸光度；x为三萜类化合物质量（mg）。

（2）桑黄菌丝中三萜类化合物的提取及测定。培养液过4层纱布得菌丝体，用蒸馏水洗涤3次，放入60℃的干燥箱干燥至恒重。称取桑黄菌丝体干粉1g（过60目筛），加入20mL 95%的乙醇，混匀，静置24h，用干燥的滤纸过滤，滤液即为三萜类化合物提取液。

取0.5mL三萜类化合物提取液入10mL试管，用100℃水浴驱走溶剂，加入0.4mL新配制的香草醛溶液（0.5g香草醛迅速溶解于10mL冰醋酸中，当天使用）及1.6mL高氯酸。混合物于70℃水浴15min冷却至室温，加入4mL乙酸乙酯，摇匀，静置15min后，用TU-1810紫外可见光分光光度计测定吸光度（551nm）。

6.3.2.3 生产桑黄三萜类化合物液体培养基的优化

利用正交设计配方，确定利于桑黄三萜类化合物产量的优化配方。如表6-12所示，桑黄三萜类化合物产量受不同培养基的影响。不同的培养基生产三萜类化合物产量不同，配方3（$A_1B_3C_3D_3$）的三萜类化合物产量最大。

表6-12　不同液体培养基桑黄菌丝体生物量和黄酮产量

配方	因素				三萜类化合物产量（mg/L）
	A（碳源）	B（蛋白胨）	C（KH_2PO_4）	D（$MgSO_4$）	
1	1	1	1	1	66.26
2	1	2	2	2	58.38
3	1	3	3	3	66.91
4	2	1	2	3	50.84
5	2	2	3	1	39.35
6	2	3	1	2	50.02
7	3	1	3	2	46.60
8	3	2	1	3	57.25
9	3	3	2	1	40.99
K_1	191.54	163.70	173.52	146.59	
K_2	140.20	154.97	150.20	155.00	
K_3	144.84	157.91	152.85	174.99	
k_1	63.85	54.57	57.84	48.86	
k_2	46.73	51.66	50.07	51.67	
k_3	48.28	52.64	50.95	58.33	
极差	17.11	2.91	7.77	9.47	
优化组合	A_1	B_1	C_1	D_3	
影响顺序	ADCB				

4种培养基成分中，三萜类化合物产量由高到低受到A、D、C、B的影响，三萜类化合物产量的优化配方为$A_1B_1C_1D_3$。

6.3.2.4 培养基各因素对三萜类化合物产量的影响

如表6-13所示，4个因素中，只有因素A（碳源）对三萜产量有显著影响，因此，碳源是液体培养基中三萜类化合物产量的决定因素。

表6-13 培养基组成因素对三萜类化合物产量影响的方差分析

因素	F值
A（碳源）	5.16*
B（蛋白胨）	△
C（KH_2PO_4）	1.04
D（$MgSO_4$）	1.36

注：*指显著性影响，**指极显著影响，△指误差。$F_{0.05}(2, 20)=3.49$，$F_{0.01}(2, 20)=5.85$，$F_{0.05}(2, 18)=3.54$，$F_{0.01}(2, 18)=6.01$；$F_{0.05}(2, 22)=3.44$，$F_{0.01}(2, 22)=5.72$；$F_{0.05}(2, 20)=3.49$，$F_{0.01}(2, 20)=5.85$，$F_{0.05}(2, 18)=3.54$，$F_{0.01}(2, 18)=6.01$；$F_{0.05}(2, 22)=3.44$，$F_{0.01}(2, 22)=5.72$。

6.3.2.5 验证试验结果

利用三萜类化合物产量优化培养基（$A_1B_1C_1D_3$）和最高产培养基（$A_1B_3C_3D_3$）进行验证试验，如果二者对三萜类化合物产量的影响差距显著，选择三萜类化合物产量高的培养基，如果二者对三萜类化合物产量的影响差距不显著，选择更经济的培养基。通过验证试验确定的培养基将被用于进一步的扩大生产。

如表6-14所示，利用优化培养基$A_1B_1C_1D_3$可以获得最高三萜类化合物产量，表6-15显示优化培养基和最高产培养基之间对三萜类化合物产量的影响没有显著区别，因此，为了节约成本（减少蛋白胨和KH_2PO_4的消耗），优化配方$A_1B_1C_1D_3$可以用来进行下一步桑黄三萜类化合物的扩大生产。

表6-14 验证试验结果

配方	三萜类化合物产量（mg/L）			
	1	2	3	平均值 ± 标准偏差
$A_1B_1C_1D_3$	67.93	66.89	68.02	67.61 ± 0.62
$A_1B_3C_3D_3$	68.07	67.68	66.43	67.39 ± 0.86

表6-15　三萜类化合物优化和最高产配方的方差分析

差异源	平方和	自由度	均方差	F值	显著性
配方	0.03	1	0.03	0.07	
误差	1.97	4	0.49		
总和	2.00	5			

注：$F_{0.05}(1, 4)=6.94$；$F_{0.01}(1, 4)=7.71$；$F<F_{0.05}(1, 4)=6.94$，所以差异不显著。

6.3.3　讨论

三萜类化合物是许多中药材的主要活性成分，具有抗炎和镇痛效果。目前，对三萜类化合物的研究仍局限于它们不同的药理活性和提取过程，很少有关于桑黄三萜类化合物生产方面的研究，本研究旨在优化出一种适于桑黄三萜类化合物生产的液体培养基。

本研究所优化的培养桑黄的液体培养基，可以在实验室里避开季节与环境的影响，在较短的时间内获得较高的桑黄菌丝体生物量和三萜类化合物产量，能大幅度降低桑黄三萜类化合物作为新药开发的成本，为工业化生产桑黄三萜类物质提供了依据，为进一步研究桑黄三萜类化合物的生物活性和药用功能奠定了基础。

分析表明，因素A（碳源）对三萜类化合物产量有显著影响。因此，液体培养基中的碳源是决定三萜类化合物产量的主要因素。

本研究仅对4种培养基组分进行了优化，如果添加其他成分可能会实现更大的收益。有研究曾确定桑黄胞外多糖的最优生长培养基为葡萄糖40.0g，$(NH_4)_2SO_4$ 4.0g，初始pH值为6.0。另外，不同的培养基成分可能会有不同的最适培养条件，可以在这些方面做进一步的研究工作。

总之，通过综合分析，配方$A_1B_1C_1D_3$（即2.5%玉米粉+7.5%麦麸、1.0%蛋白胨、0.05% KH_2PO_4和0.20% $MgSO_4$）被确定为可以获得高三萜类化合物产量的优化配方，利用这个配方进行桑黄液体培养，三萜类化合物产量可以达到67.61mg/L。该研究为桑黄三萜类化合物的扩大生产作了有益的探索，为工业化生产桑黄三萜类化合物奠定了一定基础。

7 桑黄的综合研发——菌种选育

7.1 利用原生质体进行育种的方法

桑黄原生质体是去壁的细胞，通常利用酶解的方式获得。

桑黄细胞外有细胞壁保护，能有效防止外源基因的侵染，保持种性稳定，但也给桑黄育种带来困难。如果使桑黄以原生质体的形式参与育种过程，会更容易发生性状改变或者发生种间、属间的远缘杂交，选育出优于亲本性状的目标菌株。

从桑黄原生质体制备、利用原生质体进行育种的3种方法（诱变育种、再生育种及融合育种）进行了解。

7.1.1 桑黄原生质体的制备

最有效、最常用的去壁方法是酶法。

7.1.1.1 酶法制备原生质体的条件

（1）菌体培养方式。菌体培养可采用平板玻璃纸法或旋转振荡培养法。

（2）菌体菌龄。桑黄以年轻的菌丝来分离原生质体最佳，尤其是菌丝尖端生长点。

（3）稳定剂。通常用无机盐的稳定剂，如NaCl、KCl、$MgSO_4$、$CaCl_2$等，实践证明用甘露醇效果也很好。

（4）酶解前的预处理。在酶解前要根据细胞壁的不同结构和组成加入某些物质进行预处理，以抑制或阻止某一细胞壁成分的合成，从而使酶易于渗入细胞壁，提高酶对细胞壁的水解效果。SH-化合物广泛应用于桑黄的预处理，效果较好，其作用主要是还原细胞壁中蛋白质的二硫键，使分子链切开，酶分子容易渗入，促进细胞壁水解，释放原生质体。

（5）酶系和酶浓度。真菌细胞壁组成较复杂，常用溶壁酶、裂解酶、崩溃酶、蜗牛酶、纤维素酶、β-葡聚糖酶等来水解细胞壁。建议以使原生质体形成率和再生率之积达到最大时的酶浓度作为最佳酶浓度。

（6）酶的作用温度和作用pH值。根据酶的特性和菌种特性决定。

（7）酶解时间。原生质体的形成与酶解时间密切相关，酶解时间过短，原生质体形成不完全，会影响原生质体间的融合；酶解时间过长，原生质体的质膜也易受到损伤，从而影响原生质体的再生，也不利于原生质体的融合。

（8）菌体浓度。为了提高原生质体的得率，还要注意酶液中菌体浓度。一般3mL酶液中加入300mg新鲜桑黄菌丝体较合适，过多过少都难以得到最大量的原生质体。

（9）酶解方式。酶解方式也会影响原生质体的形成。酶解过程要经常轻微摇动混合液，这不仅能使桑黄菌丝体不断地接触新鲜酶液，而且能补充氧气，有利于原生质体的释放。

7.1.1.2 影响原生质体再生的因素

（1）菌体的生理状态。对桑黄菌丝来说，年轻菌丝比年老菌丝产生的原生质体易于再生，尖端菌丝比远侧菌丝产生的原生质体的再生能力强。

（2）稳定剂。由于仅有细胞质膜的桑黄原生质体对渗透压很敏感，容易破裂，因此再生培养基的渗透压必须与原生质体内的渗透压相等，即原生质体再生培养基必须是等渗的。多用盐溶液系统和甘露醇的稳定液。

（3）原生质体细胞结构。细胞结构不完整的原生质体不能再生，具有残留细胞壁的原生质体比完全剥除细胞壁的易于再生。

（4）培养基组成。培养基组成对原生质体的再生有很大影响。因此，要研究原生质体的再生培养基组成。

（5）酶的浓度和作用时间。原生质体化时酶的浓度和作用时间要适宜，过浓、过长均会使原生质体脱水皱缩而导致活性下降，影响再生频率。

（6）残余菌丝的分离。在再生培养前要将菌丝断片过滤，尽量清除干净，否则，分离到再生培养基后，菌丝断片生活能力强，会优先长出而抑制原生质体菌落的形成。

（7）原生质体分离技术。原生质体分离要注意以下几点。

①在再生培养基上分离原生质体的密度不能过高，否则先长出的菌落会抑制后生长的菌落，影响再生频率。

②排除再生培养基上的冷凝水，因为水分可以降低渗透压，致使原生质体破裂。

③去壁后的原生质体不能承受较强的机械作用，因此不宜用玻璃棒涂抹，一般采用双层法分离。下层：2%琼脂培养基，上层：1%琼脂培养基和原生质体混合。

7.1.2　诱变育种

原生质体诱变育种是以微生物原生质体为育种材料，采用物理或化学诱变剂处理，然后分离到再生培养基中再生，并从再生菌株中筛选高产优质突变株。常用的诱变方式有物理诱变和化学诱变。

7.1.2.1　物理诱变

物理诱变剂有多种，如不能引发电离的紫外线、激光、离子注入和能引发电离的X射线、γ射线、快中子等，其中普遍用到的物理诱变剂是紫外线。紫外线波长100～400nm，有效波长200～300nm，最有效253.7nm，DNA强烈吸收260nm光谱而引起突变。30W不及15W效果好。

诱变机理是使DNA内形成嘧啶二聚体，引发突变。

应用实例：诱变箱内15W紫外灯管，诱变前先打开紫外灯预热20min，使光波稳定。将5mL桑黄原生质体悬液移入直径9cm的培养皿中，打开培养皿盖并放在距离紫外灯管30cm处照射，照射时间一般为0.5～3min。处理后的原生质体悬液直接稀释后浇注到平板（不建议涂布，以避免伤害没有细胞壁保护的原生质体），摇匀后静置冷却，然后放入恒温箱培养。稀释、浇注、摇匀、冷却等操作过程须在红光下进行，培养时也要包黑纸避光，以避免可见光引起光修复，影响诱变效率。

7.1.2.2　化学诱变

化学诱变剂种类很多，如碱基类似物、烷化剂、脱氨基（亚硝酸）、移码诱变剂、羟化剂、金属盐类等，多数具有毒性，且90%以上致癌或极毒，使用时要格外小心，不能直接与皮肤接触，并注意防止污染环境。处理后必须及时终止反应，可以用大量稀释的方法终止诱变剂的作用，也可用解毒剂来终止，如用甘氨酸解除氮芥的作用，用硫代硫酸钠终止硫酸二乙酯的作用，也可以用提高pH值的方法终止酸性诱变剂如亚硝酸的作用。诱变机理体现在如下5个方面。

（1）一些诱变剂通过对嘌呤或嘧啶碱基的化学修饰，改变它们的氢键特性，如亚硝酸可以把胞嘧啶变成尿嘧啶，从而与腺嘌呤形成氢键，而不再与鸟嘌呤形成氢键。

（2）一些诱变剂作为碱基类似物（与核苷酸碱基结构类似的化合物）而起作用。碱基类似物在DNA复制时可以代替自然碱基掺入DNA分子中，引起诱变效应，如与腺嘌呤结构类似的2-氨基嘌呤，与胸腺嘧啶结构类似的5-溴尿嘧啶的酮式结构，因它们不具有自然碱基的氢键特性而发生突变。

（3）一些诱变剂作为插入因子而起作用。这些插入因子是和碱基对大小相似的平面三环分子（与嘌呤嘧啶碱基对的结构十分相似），在DNA的复制过程中，可以插入相邻的两个碱基对之间，增加碱基对的距离而使得在复制过程中一个额外的核苷酸常常加入到生长链中，导致移码突变，如溴化啡啶、吖啶类染料等。

（4）化学诱变剂能激活SOS修复系统，这种修复作用能进一步导致DNA碱基配对发生错误而产生突变。

7.1.3　再生育种

原生质体再生育种是微生物制备原生质体后直接再生，从再生菌落中分离筛选变异菌株，最终得到具有高产或优良性状的正变菌株。原生质体再生育种不用任何诱变剂处理但能产生比常规诱变更高的正变率。一般认为主要有4个方面的原因。

（1）在原生质体制备和再生过程中的各种化合物及环境中的物理因子对原生质体具有一定的诱变效应。

（2）原生质体再生是细胞壁重建和分裂能力恢复的过程，再生的细胞壁可能在组成和结构上会发生变化，有可能产生有利于细胞代谢和产物分泌的变异。

（3）制备原生质体的出发材料一般为对数生长期细胞，活力较强，对环境和诱变剂较敏感，破壁和再生过程中又淘汰了大量弱势菌株，能再生的菌株很多是优质高产菌株。

（4）原生质体再生的出发菌株不需要遗传标记，减少了对菌株的损伤和优良性状的影响。

7.1.4　融合育种

原生质体融合育种指通过具有不同遗传类型的菌丝细胞去壁后形成原生质体，这些原生质体在融合剂或电场的作用下进行融合，最终达到部分或全基因组的交换与重组，形成具有新的基因组合的新品种或类型的过程。原生质体融合育种技术实质上是一种不通过有性生殖而达到遗传重组或杂交的育种手段。

7.1.4.1　原生质体融合的影响因素

（1）融合剂。融合剂有化学融合剂和物理融合剂。

①化学融合剂：常用的化学融合剂是聚乙二醇（PEG）。

PEG以分子桥的形式在相邻原生质体膜间起中介作用，改变原生质膜的流动性能，降低原生质膜表面势能，使膜中的蛋白颗粒凝聚，形成一层易于融合的无蛋白颗粒的磷脂双分子层。Ca^{2+}存在下，引起细胞膜表面的电子分布的改变，从而使接触处的质膜形成局部融合，出现凹陷，形成原生质桥，成为细胞间通道并逐渐扩大，直到两个原生质体全部融合。

PEG的相对分子量可分为几种，适用的相对分子量为1 000～6 000，不同种类微生物对PEG相对分子量的要求不同。PEG的用量为30%～50%，但随微生物种类不同而异。

②物理融合剂：原生质体融合中常采用的物理融合剂有电场和激光。

电场融合：电场融合的原理是利用电场的作用使原生质膜穿孔导致原生质体融合。电场融合过程中电脉冲幅度、宽度、波数和个数等因素对质膜通透性变化都有较大影响。电场融合频率可比PEG法高10倍以上。

激光融合：激光融合是让原生质体先粘在一起，再用高峰值功率密度激光对接触处进行照射，使质膜被击穿或产生微米级的微孔。激光融合的优点是毒性小、损伤小、定位强。

（2）无机离子。PEG介导融合需要适量的Ca^{2+}、Mg^{2+}和一定的pH值条件。在电场融合时，混合液中离子的存在对电场及原生质体偶极化形成偶极子有一定的影响，会干扰融合。因此，在电场融合中一般采用糖或糖醇为稳定剂，尽量减少无机离子。

（3）温度。温度对原生质体融合频率有一定的影响，一般在$20\sim30℃$下处理$1\sim10min$（化学融合）。

（4）亲株的亲缘关系。虽然原生质体融合可以克服种、属有性杂交不亲和性障碍，但进行原生质体融合时最好是选择亲缘关系比较近的亲株。因为远缘亲株融合时染色体交换后的重组体不稳定，易分离，会影响原生质体的融合效果。

（5）原生质体的活性。原生质体的活性对原生质体融合有很大影响，因此要制备高活性的原生质体。

（6）细胞浓度。两个亲株进行原生质体融合时，需要一定的细胞浓度，一般原生质体的浓度要达到$10^7\sim10^8$个/mL，这样有助于提高融合频率。

7.1.4.2　融合体的再生

融合原生质体的再生包括融合体细胞壁再生和融合体再生。细胞壁的重建只是原生质体再生过程中的一步，当完成原生质体再生后，进而发育形成菌落，整个过程称为复原。复原不仅是指原生质体本身长出细胞壁，而且还能从原生质体细胞上长出有细胞壁的菌丝体。原生质体的再生、复原是一个十分复杂的生物学过程，其中包括细胞本身的调节和修复。

7.1.4.3　融合体检出和鉴别方法

（1）直接法。原生质体融合后直接分离到基本培养基或选择培养基上，即可直接检出融合细胞。其优点是只需一步就可得到重组体，且大多数重组体是稳定的。缺点是难以检出那些表型延迟而基因已重组的融合体。

（2）间接法。把融合产物先分离到完全培养基上，使原生质体再生，融合和非融合原生质体都能生长，再分离到选择培养基上，其优点是能促使细胞壁更好的再生，表型延迟重组体容易检出。缺点是需要两步才能检出重组体，需要相当大的人力和物力，而且得到的重组体不太稳定。

直接法和间接法都要用营养缺陷型标记，所得重组体不一定能提高目标产物产量。

（3）钝化选择法。钝化选择法是指灭活原生质体和具有活性原生质体融合。把亲本中的一方（野生型）原生质体在50℃热处理2～3h，使融合前原生质体代谢途径中的某些酶钝化而不能再生，再与另一方（双缺陷型）原生质体融合，并分离到基本培养基上。灭活除用加热方法外，还可以用紫外线照射或药物处理。

7.2　桑黄原生质体的高效制备[1]

7.2.1　材料和方法

7.2.1.1　材料

（1）菌种。桑黄菌由菏泽学院微生物遗传育种实验室提供，保存于马铃薯葡萄糖琼脂培养基（PDA培养基）上。

（2）培养基。

活化培养基（即PDA培养基）（1L）：马铃薯200g去皮，煮沸20min后4层纱布过滤取其汁液，葡萄糖20g，琼脂18g，加水定容至1 000mL，pH值为6，121℃灭菌20min。

液体基础培养基（1L）：玉米粉25g，麸皮35g，煮沸20min后4层纱布过滤取其汁液，硫酸镁1.5g，磷酸二氢钾1g，加水定容至1 000mL，pH值为6，121℃灭菌20min。

再生活化培养基（1L）：马铃薯200g去皮，煮沸20min后4层纱布过滤取其汁液，葡萄糖20g，琼脂18g，甘露醇109.3g，加水定容至1 000mL，pH值为6，121℃灭菌20min。

7.2.1.2　试验器材与药品

（1）试验器材。主要试验器材详见表7-1。

另外，还有一些试验器材：培养皿，滤纸，酒精灯，牙签，打孔器，镊子，量筒，烧杯，移液器，EP管，电磁炉，锥形瓶，0.22μm微孔滤膜，针管，漏斗。

表7-1 试验器材

器材	型号	生产厂家
电热鼓风干燥箱	01932	北京市永光明医疗仪器有限公司
高压蒸汽灭菌器	MLS-3780	日本三洋电机株式会社
标准型双人净化工作台	SW-CJ-1C	苏净集团·苏州安泰空气技术有限公司
全温振荡器	HZQ-Y	哈尔滨市东联电子技术开发有限公司
药品保存箱	HYC-360	上海肯强仪器有限公司
电子天平	FA1004	梅特勒托利多科技（中国）有限公司
恒温培养箱	PYX-250B-Z	上海博迅医疗生物仪器股份有限公司
全温摇瓶柜	HYG-A	太仓市实验设备厂
全温摇床	DHZ-DA	太仓市实验设备厂
离心机	TDL-5-A	上海安婷科学仪器厂
隔水式恒温培养箱	GNP-9270	上海精宏实验设备有限公司
电子分析天平	FA1604	上海精密科学仪器有限公司天平仪器厂
电冰箱	BCD-282VBP	海信（北京）电器有限公司

（2）试验药品。主要试验药品（表7-2）。

表7-2 试验药品

药品名称	纯度	生产厂家
葡萄糖	AR	汕头市西陇化工厂有限公司
磷酸二氢钾	AR	西陇化工股份有限公司
硫酸镁	AR	天津市河东区红岩试剂厂
乙醇（95%）	AR	安徽安特生物化学有限公司
琼脂粉	BR	北京奥博星生物技术有限责任公司
甘露醇	AR	天津市科密欧化学试剂有限公司
溶壁酶	>2 000U/mg	上海蓝季科技发展有限公司

7.2.1.3　方法

（1）菌种活化。在标准型双人净化工作台，将桑黄菌用无菌打孔器（直径1cm）打取菌饼，取1菌饼接种于PDA培养基中央，28℃培养15d。桑黄的生长情况见图7-1。

（2）接种至液体基础培养基。在标准型双人净化工作台，将桑黄菌用无菌打孔器（直径1cm）打取菌饼，取2菌饼接种于锥形瓶中的液体基础培养基上，28℃，160r/min恒温振荡培养10d（图7-2）。

（3）桑黄菌原生质体的获得。

①酶液配制：称取所需酶量，溶解于0.6mol/L渗透压稳定剂中，经0.22μm微孔滤膜过滤除菌后备用。

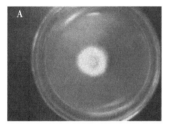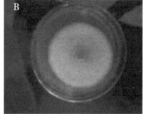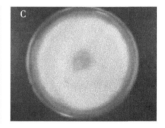

图7-1　桑黄在固体培养基中的生长情况

注：A：第5天；B：第10天；C：第15天。

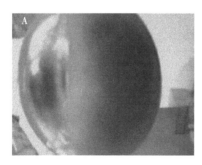

图7-2　桑黄在液体培养基里的生长情况

注：A：第10天（近图）；B：第10天（远图）。

②原生质体分离：将已培养好的菌丝用无菌水洗涤干净后用灭菌滤纸吸去表面水分，按每300mg湿菌丝加1mL酶液量加入酶液，在试验温度下以一定转速水浴振荡酶解，一段时间后取出，酶液用无菌滤纸过滤、3 800r/min

离心，制得原生质体菌悬液。

③血球计数板计算原生质体数目：在净化工作台上，取洁净的血球计数板一块，在计数区上盖上一块盖玻片。将原生质体悬液摇匀，用滴管吸取少许，从计数板中间平台两侧的沟槽内沿盖玻片的下边缘滴入一小滴，让菌悬液利用液体的表面张力充满计数区，勿使气泡产生，并用吸水纸吸去沟槽中流出的多余菌悬液。静置片刻，使细胞沉降到计数板上，不再随液体漂移。将血球计数板放置于显微镜的载物台上夹稳，先在低倍镜下找到计数区后，再转换高倍镜观察并计数。

④原生质体的产量：在25×16的血球计数板上，在显微镜下，分别在左上、左下、右上、右下、中间的5个中方格，计数原生质体数目。

原生质体产量的计算见下式：

原生质体的产量（mL）=（a/5）×25×10^4×b

式中，a为5个中方格中原生质体总数；b为原生质体悬液稀释倍数。

（4）单因素试验。分别考察酶解温度、酶解时间、酶解转速对原生质体产量的影响，以此为基础确定正交试验的3个水平值。

（5）正交试验。以酶解时间、酶解温度、酶解转速作为影响因素分别选取3个水平进行正交试验，以桑黄原生质体产量作为指标，确定原生质体分离的最适条件。在确定单因素最佳条件的基础上，确定正交试验因素水平L_9（3^4）（表7-3）。

（6）验证试验。在正交试验结果的基础上，做相应的验证试验。用正交试验所获得的原生质体产量最高的配方5（$A_2B_2C_3$）与理论最优配方（$A_2B_2C_1$）做验证试验。

表7-3 试验因素水平

水平	因素		
	A酶解时间（h）	B酶解温度（℃）	C酶解转速（r/min）
1	2.5	29	100
2	3.0	30	150
3	3.5	31	200

注：在本试验中，因素D为空白，没有具体水平设计。

（7）数据分析。应用Microsoft Office Excel 2003和SPSS 16.0软件对试验数据进行分析。

7.2.2 结果与分析

7.2.2.1 单因素试验

（1）酶解时间对桑黄菌原生质体分离的影响（图7-3）。采取不同时间2.0h、2.5h、3.0h、3.5h、4.0h，比较不同酶解时间对原生质体分离的影响，在1.5%溶壁酶的酶液、菌龄为10d、甘露醇为酶解渗透压稳定剂、酶解温度为30℃，结果表明，时间在从2h增至3h的过程中，原生质体数目逐渐增多，但3h以后原生质体数目开始减少，可能是随着时间的延长，酶与细胞的作用延长，使原生质体数目增多，但时间继续增加，虽细胞壁仍有酶解，但已经生成的原生质体会因为酶溶解了细胞膜，使原生质体数目减少。由图7-3可见，当酶解时间为3.0h时原生质体产量最高，因此选择2.5h、3.0h、3.5h进行正交试验。

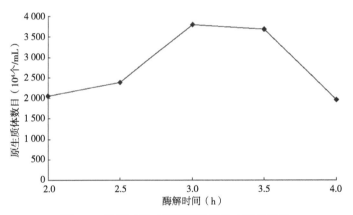

图7-3　酶解时间对桑黄原生质体产量的影响

（2）酶解温度对桑黄菌原生质体分离的影响（图7-4）。为了解不同温度对桑黄菌原生质体分离的影响，分别采取不同温度28℃、29℃、30℃、31℃、32℃，在1.5%溶壁酶的酶液、菌龄为10d、0.6mol/L甘露醇为酶解渗透压稳定剂、酶解时间为3.0h条件下进行试验。结果表明，随着温度的升高，1mL菌悬液中，原生质体数目也随之增多，30℃时数目最多，31℃

以后原生质体数目开始减少，说明在本试验中溶壁酶的最适温度为30℃，30℃以后酶活性开始降低。由图7-4可见，当温度为30℃时原生质体产量最高，因此选择29℃、30℃、31℃进行正交试验。

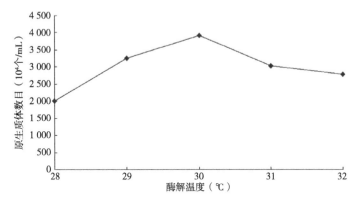

图7-4　酶解温度对桑黄菌原生质体分离的影响

（3）酶解转速对桑黄菌原生质体分离的影响（图7-5）。在恒温水浴摇床振荡箱里的酶解过程中，适当的振荡能够使细胞与溶壁酶充分接触，有助于酶解，但转速太快又会使原生质体破裂，因此本试验采用不同转速50r/min、100r/min、150r/min、200r/min、250r/min，在1.5%溶壁酶的酶液、菌龄为10d、甘露醇为酶解渗透压稳定剂、酶解温度为30℃，酶解时间为3.0h的前提下，探讨最适酶解转速，由图7-5可见，在150r/min的时候，原生质体产率最高，因为转速太低，细胞不能和酶充分的接触，会使酶解时间延长，转速太高，会使原生质体因机械力破坏，使原生质体产量降低。因此选择酶解转速100r/min、150r/min、200r/min为正交试验的3个水平。

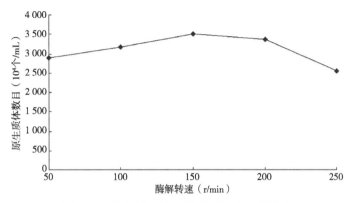

图7-5　酶解转速对桑黄原生质体分离的影响

7.2.2.2 正交试验

（1）正交试验结果。试验结果见表7-4。

表7-4 正交试验结果分析

处理	因素				原生质体数目（10^4个/mL）
	A酶解时间（h）	C酶解转速（r/min）	D空白		
1	1	1	1	1	4 150
2	1	2	2	2	3 988
3	1	3	3	3	3 685
4	2	1	2	3	3 950
5	2	2	3	1	4 412
6	2	3	1	2	3 937
7	3	1	3	2	3 350
8	3	2	1	3	3 895
9	3	3	2	1	2 967
K_1	11 823.00	11 450.00	11 982.00	11 529.00	
K_2	12 299.00	12 295.00	10 905.00	11 275.00	
K_3	10 212.00	10 589.00	11 447.00	11 530.00	
k_1	3 941.00	3 816.67	3 994.00	3 843.00	
k_2	4 099.67	4 098.33	3 635.00	3 758.33	
k_3	3 404.00	3 529.67	3 815.67	3 843.33	
极差	695.67	568.67	178.33	84.67	
因素主次顺序	A B C				
优水平	A_2	B_2	C_1		
优组合	$A_2 B_2 C_1$				

由表7-4可知，处理5的原生质体产量最大，其次为1、2，处理9最差，各因素对原生质体产量的影响显著性依次为A（酶解时间）>B（酶解温度）>C（酶解转速），最优处理为$A_2B_2C_1$，即酶解时间为3h、酶解温度为30℃、酶解转速为100r/min。

（2）因素方差分析结果。由表7-5可知，正交试验的3个因素中，A

（酶解时间）和B（酶解温度）对原生质体产量的影响都是显著的，影响显著性依次为A（酶解时间）>B（酶解温度），其中A（酶解时间）对原生质体产量的影响最大。

7.2.2.3 验证试验结果

利用正交试验所获得的原生质体产量最高的处理5与理论最优配方做验证试验（表7-6、表7-7）。由表7-6可知，用这两种处理进行原生质体制备所获得的原生质体产量有差异，最优处理的值大；从表7-7可知，这两种处理对原生质体产量的影响呈极显著差异，故为了获得较高的原生质体产量，就要选择最优处理$A_2B_2C_1$（酶解时间为3h，酶解温度为30℃，酶解转速为100r/min）进行分离。

7.2.3 讨论

随着人们对桑黄药用成分研究的深入，市场对桑黄的需求骤升，但由于桑黄生理活性的限制，桑黄各种药用成分的产量较低，使得人们迫切需要利用现代的育种策略选育出含有各种药用成分的高产菌。

表7-5 不同因素对原生质体产量影响的方差分析

差异源	平方和	自由度	均方差	F值	显著性水平
A	265 832.07	2	132 916.04	55.41	*
B	161 695.63	2	80 847.81	33.70	*
C	64 441.41	2	32 220.70	13.43	
D（e）	4 797.85	2	2 398.93		

$F_{0.05}$（2，2）=19

注：*表示在0.05水平差异显著。

表7-6 验证试验结果

处理	原生质体数目（10^4个/mL）			平均
	1	2	3	
正交处理5	4 425.0	4 237.5	4 462.5	4 375.0
最优处理	4 687.5	4 537.5	4 650.0	4 625.0

表7-7　处理5和最优处理对原生质体产量的影响方差分析

差异源	平方和	自由度	均方差	F值	显著性水平
处理	93 750	1	93 750.0	9.09	**
误差	41 250	4	10 312.5		
总和	135 000	5			
$F_{0.05}$（1，4）			6.94		
$F_{0.01}$（1，4）			7.71		

注：**表示在0.01水平差异显著。

目前常用的育种策略有推理育种、杂交育种、诱变育种等。传统的杂交育种由于受亲和力的影响，具有一定的局限性；杂交育种利用原生质体融合，有利于不同种、属间微生物的杂交，通过原生质体融合可提高各种药用成分的产量，因此被广泛应用于微生物遗传育种研究。食药用菌原生质体融合方面，有研究曾将热灭活的凤尾菇原生质体与金针菇原生质体融合，选出双亲细胞质和细胞核都融合的无锁状联合菌株，经融合核分裂技术处理后，融合核分裂成为具有锁状联合的双核菌株。原生质体的分离是实现原生质体融合的第一步，关于原生质体的高效分离，曾有研究者就不同的材料或同一材料的不同部位进行原生质体的分离研究。结果显示，不同材料或同一材料不同部位分离原生质体的最高产量都有所不同，因此综合研究各种影响因素对原生质体产量的影响，最终获得桑黄原生质体的高产，是一个亟待解决的问题。

本试验通过正交试验选择出分离桑黄原生质体的最佳处理方式，原生质体的产量（产量级数为10^7）明显高于祝子坪等2008年试验中原生质体的产量（产量级数为10^6）。具体分析原因可能有3点，一是本试验中单纯使用了浓度为1.5%溶壁酶，因为溶壁酶本身就是一种复合酶，单独使用就能够破坏桑黄细胞壁，获得较高的原生质体产量，而祝子坪等[90]试验中使用了溶壁酶和崩溃酶的混合酶系，且混合酶系酶浓度达到2.5%，过高的酶浓度可能会破坏新形成的原生质体而使原生质体的产量降低；二是本试验对酶解液用无菌滤纸进行过滤，祝子坪等试验中是用G3砂芯漏斗过滤，二者对原生质体的滤过性能可能有所差异；三是本试验过滤酶解液后用3 800r/min进行离心（本试验最初曾用3 000r/min进行离心，没有获得理想的原生质体沉淀，于是用3 200r/min、3 400r/min、3 600r/min、3 800r/min、4 000r/min、4 200r/min进行离心试验，结果利用3 800r/min离心可以得到最多的原生质体沉淀，故试验中选择了这个转速进行离心），祝子坪等试验中是用3 400r/min进行离心，由原生质体产量判断转速稍高可能更有利于原生质体的沉淀和获得。这与李江等[129]进行毛栓菌原生质体收集时发现4 000r/min是比较理想的离心速度这一发现有相似之处，原因可能是速度太慢，原生质体不能全部沉淀，速度太快，原生质体因机械力而破碎，导致原生质体获得量较小。

7.2.4 结论

本试验在1.5%溶壁酶的酶液、菌龄为10d、0.6mol/L甘露醇为酶解渗透压稳定剂的基础上，研究酶解温度、酶解时间、酶解转速对原生质体分离的影响，得到的最佳酶解条件为酶解时间3h，酶解温度30℃，酶解转速100r/min。桑黄菌原生质体分离最高产量为4 625万个/mL。

通过正交试验选出了分离桑黄原生质体的最佳处理方式，为解决育种难题找到了一种较适合的方法，具有广阔的应用前景。这将对选育桑黄各种生物活性物质的高产菌株具有一定的指导意义。

7.3 桑黄原生质体的制备与诱变[39]

7.3.1 材料与方法

7.3.1.1 材料与试剂

桑黄菌由菏泽学院微生物遗传育种实验室保藏；马铃薯、玉米粉、麸皮均购自菏泽市牡丹区农贸市场；溶壁酶>2 000U/mg，上海蓝季科技发展有限公司；葡萄糖为AR，汕头市西陇化工厂有限公司；硫酸镁为AR，天津市河东区红岩试剂厂；磷酸二氢钾为AR，天津市科密欧化学试剂有限公司；乙醇95%，安徽安特生物化学有限公司；甘露醇均为AR，天津市科密欧化学试剂有限公司；琼脂粉为BR，天津市科密欧化学试剂有限公司。

7.3.1.2 仪器与设备

高压蒸汽灭菌器MLS-3780，日本三洋电机株式会社；标准型双人净化工作台SW-CJ-1C，苏净集团·苏州安泰空气技术有限公司；单人单面紫外诱变台（垂直）ZYT-DDC，济南杰康净化设备厂；恒温培养箱PYX-250B-Z，上海博迅医疗生物仪器股份有限公司；全温振荡器HZQ-Y，哈尔滨市东联电子技术开发有限公司；电冰箱BCD-282VBP，海信（北京）电器有限公司；药品保存箱HYC-360，上海肯强仪器有限公司；电子天平FA1004，梅特勒托利多科技（中国）有限公司；移液枪brand，上海恒奇仪器仪表有限公司；台式高速冷冻离心机HR/T20M，湖南赫西仪器装备有限公司；血球计数板1103，姜堰区慧成玻璃制品厂；电热鼓风干燥箱01932，北京市永光明医疗仪器有限公司。

7.3.1.3 方法

（1）培养基配制。

PDA培养基：马铃薯200g，去芽去皮切成小块，沸水中煮20min，4层纱布过滤，取滤液，加入葡萄糖20g、琼脂18g，加水定容至1 000mL，pH值为6，121℃蒸汽灭菌20min。

液体培养基：玉米粉25g、麸皮35g，沸水中煮30min，4层纱布过滤，取滤液加入硫酸镁1.5g、磷酸二氢钾1g，加水定容至1 000mL，pH值为6，121℃蒸汽灭菌20min。

（2）菌种活化。在无菌的条件下，将原种接种到PDA培养基平板上进行活化培养18d。

（3）液体培养。菌种平板活化培养18d后，在无菌条件下，用灭菌打孔器在活化平板外圈打取菌饼（直径1cm），向装有50mL液体培养基的250mL锥形瓶中接入2个菌饼，29℃、160r/min条件下液体培养10d。

（4）桑黄原生质体制备的前期工作。

①酶解液的制备（配制1.5%溶壁酶）：称量固体粉末状的溶壁酶0.12g，放入15mL灭菌离心管内，用灭菌的5 000μL枪头取8mL、0.6mol/L渗透压稳定剂于上述15mL离心管内溶解酶液。溶解起始时，由于酶制剂在冰箱内保存，易结成小块状固体，可上下颠倒离心管数次，使其完全溶解混匀。用无

菌针管吸取15mL离心管内的8mL酶液，将针头拔掉，向上推出管内多余空气，再将0.22μm灭菌微孔滤膜的两头，分别与针管和无菌针头安装，取另一支15mL灭菌离心管，将酶液缓慢推入其中，过滤除菌后，上下颠倒离心管数次，使其混匀，置于离心管架待用。

②称量桑黄菌丝体：超净工作台灭菌30min，无菌操作取29℃、160r/min条件下摇床培养10d的菌丝体，8层灭菌纱布过滤，无菌水洗涤2次，用牙签钝头搅拌，洗涤干净后用灭菌滤纸吸去表面水分，并用灭菌镊子挑取个体较小的菌丝体于放有称量纸的灭菌培养皿的天平上称量，称取5份150mg菌丝体，分别放入5个2mL灭菌EP管内待用。

（5）桑黄原生质体的制备。在无菌条件下，按150mg湿菌丝加0.5mL酶液，用1 000μL移液枪取无菌酶液（5份）0.5mL分别加入上述待用的5个2mL的EP管中，用牙签钝头搅拌，使EP管中的菌丝体与酶液混匀，在30℃下以100r/min转速摇床振荡3h[1]。

（6）桑黄原生质体的精制。将5个EP管的酶解液分别倒入灭菌漏斗中过滤，并用灭菌渗透压稳定剂洗涤2mL EP管，每个EP管用1 000μL移液枪量取0.5mL的0.6mol/L灭菌渗透压稳定剂冲洗，重复2次，合并冲洗液倒入灭菌漏斗中过滤，并用牙签钝头缓慢搅拌，过滤除去菌丝碎片，用1 000μL移液枪吸取滤液置于50mL灭菌离心管中，用0.6mol/L灭菌渗透压稳定剂冲洗过滤使用的锥形瓶，将冲洗液倒入上述50mL离心管中，稀释到15mL，3 800r/min离心10min去上清液，用0.6mol/L灭菌渗透压稳定剂洗涤2次，得到纯化后白色的桑黄原生质体沉淀。稀释后，通过血球计数板计数求得桑黄原生质体的平均产量。

（7）桑黄原生质体的紫外诱变。将原生质体用0.6mol/L渗透压稳定剂稀释成原生质体悬液，用洁净的血球计数板计数，稀释到浓度1.58×10^6个/mL待用。无菌操作下用1 000μL移液枪各取1mL稀释原生质体悬液于27个直径6cm的培养皿中，轻微晃动，使菌液均匀分布在培养皿中，将培养皿放入距15W的紫外灯管30cm处（已预热30min），打开皿盖进行紫外诱变，1组10s，2组20s，3组30s，4组40s，5组50s，6组60s，7组70s，8组80s，9组90s，每组3个重复。诱变结束后，用移液枪吸取适量于血球计数板上，0.01%美兰染色后，计算诱变后桑黄原生质体的致死率，求3个重复的平均值。

（8）桑黄诱变原生质体致死率计算。诱变致死率（*P*）计算公式为：

$$P=[1-（A/B）] \times 100\%$$

式中，*A*为诱变后存活的原生质体数，即经酶处理后的混合液用高渗溶液稀释，经紫外线诱变后，在显微镜下，血球计数板上存活的原生质体数（无色或淡蓝色原生质体，个/中格）；*B*为未经诱变存活的原生质体数，即经酶处理后的混合液，用高渗溶液稀释，在显微镜下，血球计数板上存活的原生质体数（无色或淡蓝色原生质体，个/中格）。

7.3.2 结果与分析

7.3.2.1 桑黄原生质体在显微镜下的形态

将纯化的白色原生质体沉淀，用0.6mol/L灭菌渗透压稳定剂适当稀释后，得到原生质体悬液，用血球计数板观察桑黄原生质体的显微形态（图7-6）。

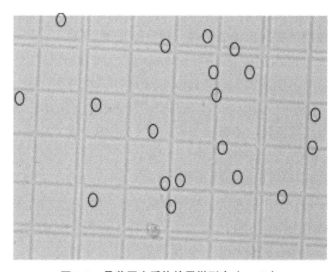

图7-6　桑黄原生质体的显微形态（×40）

图7-6显示，去壁后所得到的桑黄原生质体，个体较大，形态圆润，折光性较低。可能是由于经溶壁酶处理后，细胞外层仅有一层细胞膜，细胞膜

外层不再有细胞壁的存在，使细胞的形态不再受细胞壁的限制，因此细胞形态在适当范围内变大，呈圆球状。由于细胞失去细胞壁，这就意味着细胞同时也失去了细胞壁中折光性较强的成分，使之在显微镜下表现为细胞折光性降低。

7.3.2.2 桑黄原生质体的产量

桑黄原生质体的产量为5个重复所获原生质体产量的平均值，即4 576万个/mL，见表7-8。

表7-8 桑黄原生质体产量

项目	重复1	重复2	重复3	重复4	重复5	平均值 ± 标准差	相对标准差（RSD）
原生质体产量（万个/mL）	4 497	4 593	4 626	4 586	4 578	4 576 ± 0.048	1.044%

由表7-8可以看出，标准差（SD）为0.048，数值较小，说明5个重复桑黄原生质体的产量比较稳定，相对标准差（RSD）为1.044%，表示5个重复桑黄原生质体产量精密度较高。

7.3.2.3 桑黄原生质体紫外线诱变后的致死率

诱变结束后，用移液枪吸取少量诱变后菌液于血球计数板上，计数中方格平均活性原生质体数（0.01%美兰：原生质体悬液=9∶1，染色5min，对无色或淡蓝色的活性原生质体进行计数），其结果见表7-9、图7-7。

表7-9 桑黄原生质体紫外线诱变后的致死率

诱变时间（s）	原生质体数目（25万个/mL）				致死率（%）
	重复1	重复2	重复3	平均值 ± 标准差	
0	7.0	6.0	6.0	6.3 ± 0.58	0.0
10	4.6	5.0	4.6	4.7 ± 0.23	25.4
20	4.4	4.2	4.0	4.2 ± 0.20	33.4
30	3.4	4.0	3.4	3.6 ± 0.35	42.9
40	3.0	3.0	2.8	2.9 ± 0.12	54.0

（续表）

诱变时间	原生质体数目（25万个/mL）				致死率
（s）	重复1	重复2	重复3	平均值±标准差	（%）
50	0.6	0.8	1.0	0.8±0.20	87.3
60	0.8	0.6	0.8	0.7±0.12	88.9
70	0.4	0.4	0.4	0.4±0.00	93.7
80	0.0	0.4	0.2	0.2±0.20	96.9
90	0.0	0.0	0.0	0.0±0.00	100.0

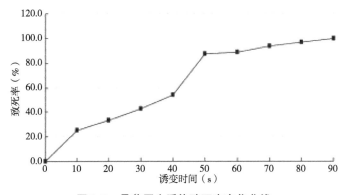

图7-7　桑黄原生质体致死率变化曲线

由图7-7可以看出，桑黄原生质体经紫外线诱变10s、20s、30s、40s、50s、60s、70s、80s、90s后，致死率随着时间的延长而增大，在40~50s诱变时间内，曲线的变化最为剧烈，当诱变时间达到50s以后，曲线变化趋于平稳，并于90s达到100%。

根据试验结果，40~50s诱变时间内，致死率由54%增加到87.3%，跨过了诱变育种的最佳致死率70%~75%的范畴；诱变90s时，致死率达到100%。由于不能确认是否恰好达到100%，又设计了45s和85s两个诱变时间进行诱变。诱变结果是45s时，致死率达到73%；85s时，致死率为98.4%。所以可以确定用于诱变育种的最佳诱变时间为45s，用于原生质体致死处理后进行融合育种的诱变时间以90s为宜[38]。

7.3.3 讨论

原生质体诱变是一种有效的育种方式。丁兴红等[89]利用离子注入对桑黄原生质体进行诱变，获得了高产黄酮、多糖的菌株。Wang[18]曾用紫外线和NTG对红豆杉内生菌Tubercularia sp.TF5的原生质体进行诱变，产生了新的代谢产物。祝子坪[90]利用紫外线与He-Ne激光对桑黄原生质体进行诱变，获得了新性状菌株。陈敏等[91]利用紫外线和γ射线对刺芹侧耳（*Pleurotus eryngii*）GIM 5.280原生质体进行复合诱变获得了木质素酶高产菌株，酶产量可达110U/mL。李恒等[92]对亚麻刺盘孢ST的原生质体进行诱变，获得高产7α,15α-diOH-DHEA菌株，摩尔得率可达36.9%，比出发菌株提高了50%。梅凡等[93]对漆酶产生菌原生质体进行紫外诱变，获得诱变菌株UV-56，漆酶酶活比出发菌株提高56%。宋细忠等[94]采用紫外诱变方法对蝙蝠蛾拟青霉原生质体进行选育，选出1株菌丝体得率和腺苷含量明显高于原始菌株的诱变株，经过10代继代培养、摇瓶试验，结果表明该诱变株发酵性状稳定。Hou[95]通过诱变和原生质体融合对木糖发酵酵母菌抑制剂耐受性能进行了改善。刘新星等[96]采用原生质体紫外诱变、DES（硫酸二乙酯）诱变、紫外等常规诱变技术结合高通量筛选的方法，筛选出可利霉素高产菌株。El-Bondkly[97]利用紫外线照射和亚硝基胍（NTG）结合诱变的方法，对木聚糖酶产生菌曲霉菌sp.NRCF5进行复合诱变，获得高木聚糖酶产生菌。

本试验是在前期工作的基础上[1]，对桑黄原生质体的制备及诱变进行了研究。研究发现，利用优化的原生质体制备方法可以获得高质量桑黄原生质体，取1mL浓度为1.58×10^6个/mL的原生质体悬液于直径6cm的培养皿里，在15W紫外光灯（预热30min）下30cm处进行紫外诱变，诱变致死率随着时间的延长而增大，在40～50s诱变时间内，曲线的变化最为剧烈，在45s时达到73%，当诱变时间达到50s以后，曲线变化趋于平稳，并在90s时达到100%。

以上结果与祝子坪等[90]把桑黄原生质体（1mL于直径6cm的培养皿中）于15W紫外灯（预热20min）、灯距30cm处诱变，0～20s照射时间内，曲线变化剧烈，20s后趋于平稳的结果不同，可能与诱变时原生质体悬液浓度不同有关。

另外，对于原生质体紫外致死的记载，有郭成金[38]对蛹虫草原生质体致死的记载，认为距离30W紫外光灯10cm处，垂直照射13min，能使原生质体致死率达到100%；有朱蕴兰等[98]对冬虫夏草原生质体诱变致死的记载，认为取3mL浓度为10^5个/mL的原生质体悬液于直径9cm的培养皿里，15W紫外灯、灯距30cm，诱变30s，致死率达到80%，诱变40s后，致死率达到90%；有吴强等[99]对莲花菌原生质体诱变致死的记载，认为取5mL浓度为10^8个/mL的原生质体悬液于直径9cm的培养皿里，15W紫外灯、灯距30cm，紫外诱变120s时，原生质体的致死率为87.3%，300s时，接近100%；有陈建中[100]对草菇原生质体诱变致死的记载，认为取0.1mL浓度为10^5个/mL的原生质体悬液涂布在培养基上，15W紫外灯，灯距30cm，原生质体致死时间为110s；有刘海英[101]对杏鲍菇原生质体诱变致死的记载，认为取0.1mL浓度为10^5个/mL的原生质体悬液涂布在半固体培养基上，20W紫外灯（245nm，预热20min），灯距30cm，原生质体致死时间为120s以上。造成紫外致死时间不同的原因可能与菌种不同、起始原生质体浓度不同、诱变的原生质体悬液量不同有关。

原生质体致死是原生质体融合有效实施的准备条件之一。紫外致死与热致死、离子注入致死相比，紫外致死用时较短，一般为1min左右即完成灭活，处理迅速。热致死则需要较多时间，陈建中[100]报道的草菇热致死条件为50℃，3min，耗时较长；丁兴红[89]报道的离子注入的致死方式，对设施要求较高，准备工作较烦琐。所以，原生质体紫外致死具有省时、操作简单方便的优势。

7.3.4　结论

利用溶壁酶高效制备的桑黄原生质体在15W紫外灯下30cm处进行紫外诱变，诱变时间为45s时，诱变致死率为73%；诱变时间为90s时，诱变致死率为100%。

原生质体诱变后，其致死率达到70%~75%的诱变效果最好；致死率刚刚达到100%时利于进行致死后原生质体间的融合育种。所以本试验结果对于进行桑黄原生质体的诱变育种及桑黄种间、桑黄与其他种间的原生质体融合的实施提供了理想的试验基础。

7.4 桑黄原生质体的制备与融合

7.4.1 主要材料和器材

7.4.1.1 材料

（1）菌株。菏泽学院微生物遗传育种实验室提供。

（2）试剂。马铃薯、玉米粉、麸皮，均购于菏泽农贸市场，其他药品见表7-10。

表7-10 试验药品

药品	纯度	生产厂家
蔗糖	AR	天津市永大化学试剂有限公司
甘露醇	AR	天津市科密欧化学试剂有限公司
氯化钠	AR	天津市凯通化学试剂有限公司
葡萄糖	AR	天津市凯通化学试剂有限公司
乙醇（95%）	AR	天津市永大化学试剂有限公司
琼脂	BR	天津市科密欧化学试剂有限公司
硫酸镁	AR	天津市凯通化学试剂有限公司
硫酸二氢钾	AR	西陇化工股份有限公司

（3）培养基。

活化培养基即PDA培养基（500mL）：称取去皮马铃薯100g，加适量水煮沸30min，用8层纱布过滤得滤液。加入葡萄糖10g，琼脂粉9g，混匀，溶化，补足水至500mL，分装在两个锥形瓶内，121℃灭菌30min。此培养基主要用于桑黄、平菇菌种的活化。

液体基础培养基（1L）：玉米粉25g，麸皮35g，加适量水煮沸30min，用8层纱布过滤，取其滤液加入硫酸镁1.5g，磷酸二氢钾1g，补加水至1 000mL，pH值自然，121℃灭菌20min。

PDA再生活化培养基（1L）：马铃薯200g去皮，煮沸约20min后8层纱布过滤，取其汁液加入葡萄糖20g，琼脂18g，甘露醇109.3g，加水定容至

·129·

1 000mL，pH值自然，121℃灭菌20min。

（4）渗透压稳定剂。

甘露醇稳渗剂：称取甘露醇10.9g溶解于100mL蒸馏水中，配成0.6mol/L的甘露醇稳渗液，灭菌备用。

氯化钠稳渗剂：称取氯化钠3.51g溶解于100mL蒸馏水中，配成0.6mol/L的氯化钠稳渗液，灭菌备用。

蔗糖稳渗剂：称取蔗糖9.72g溶解于100mL蒸馏水中，配成0.6mol/L的蔗糖稳渗液，灭菌备用。

（5）溶壁酶液的配制。

浓度为1.5%的酶液：称取所需酶量1.5g，溶解于0.6mol/L渗透压稳定剂100mL。

浓度为1%的酶液：称取所需酶量1g，溶解于0.6mol/L渗透压稳定剂100mL。

浓度为2%的酶液：称取所需酶量2g，溶解于0.6mol/L渗透压稳定剂100mL。

所配酶液均经0.22μm微孔滤膜过滤除菌至EP管备用。

7.4.1.2 器材

基本仪器有显微摄像仪、电融合仪、玻璃棒、量筒、滤纸、称量纸、酒精灯、牙签、镊子、锥形瓶、打孔器、移液枪、EP管、离心管、涂布器，试验器材见表7-11。

表7-11 试验器材

仪器	型号	生产厂家
电磁炉	C21-SK2101型	广东美的生活电器制造有限公司
全自动高压蒸汽灭菌锅	MLS-3780型	日本三洋电机株式会社
标准型双人净化工作台	CJ-2D型	苏净集团·苏州安泰空气技术有限公司
电冰箱	BCD-282VBP型	海信（北京）电器有限公司
三用电热恒温水浴箱	S-HH-W21-CR420型	北京长安科学仪器厂
电子天平	CAV4102C型	奥豪斯中国地区
恒温培养箱	MIX	宁波江南仪器厂

（续表）

仪器	型号	生产厂家
全温摇床	DBZ-DA	太仓市实验设备厂
离心机	TGL-IGC型	上海安亭科学仪器厂

7.4.2 试验方法

7.4.2.1 菌种活化

对桑黄进行两次活化，第一次活化是从供试菌株斜面中用接种铲挑取一小块放入制备好的PDA平板中，放入28℃培养箱中培养桑黄12d。第二次活化是用直径1cm的打孔器从第一次活化的菌种中打孔取菌柄放入制备好的PDA平板中央，再放入28℃培养箱中培养桑黄12d。

7.4.2.2 菌种液体培养

用直径1cm的打孔器取3个活化菌种的外圈菌柄，接种于150mL液体基础培养基中，暗处摇床培养，温度为28℃，转速为180r/min，时间为12d。

7.4.2.3 原生质体的制备与再生

取培养好的菌丝体于离心管内，用无菌水清洗，4 000r/min离心10min，重复上述步骤2次，去上清液，得到纯净的菌丝，备用。按300mg菌丝加1mL酶液量加入酶液，称取10份150mg桑黄菌丝至10个EP管中（一份作对照组），分别在每个管内加入0.5mL酶液，在试验温度下水浴振荡酶解。

原生质体的精制：将酶解液过滤，滤液离心4 000r/min，10min，离心2次，弃去上清液，然后将沉淀用稳渗剂洗涤2次，得到纯化后白色原生质体。

原生质体的再生：所得到的桑黄菌原生质体稀释成相同浓度后，涂布到装有PDA+甘露醇再生培养基的平板上，甘露醇作酶解及培养基渗透压稳定剂，观察平皿中的再生菌落数。

7.4.2.4 镜检

桑黄原生质体如图7-8所示。

图7-8 桑黄原生质体

7.4.2.5 桑黄原生质体的高效制备研究

采用4因素3水平正交试验法，设时间、稳渗剂、酶浓度、温度4个因素各3个水平。见表7-12。

表7-12 正交试验4因素3水平

水平	因素			
	A时间（h）	B稳渗剂	C酶浓度（%）	D温度（℃）
1	2	氯化钠	1	28
2	3	甘露醇	1.5	29
3	4	硫酸镁	2	30

试验组合及结果，见表7-13，图7-9。

表7-13 试验组合及结果

组合	因素				1mL菌液中的总菌数（×10⁷）
	A	B	C	D	
1	1	1	1	1	5.125
2	1	2	2	2	8.375
3	1	3	3	3	8.000
4	2	1	2	3	13.30
5	2	2	3	1	8.575

（续表）

组合	因素				1mL菌液中的总菌数（×10⁷）
	A	B	C	D	
6	2	3	1	2	2.825
7	3	1	3	2	1.900
8	3	2	1	3	3.425
9	3	3	2	1	1.000
K_1	7.167	6.775	3.792	4.900	
K_2	8.233	6.791	7.558	4.367	
K_3	2.108	3.942	6.158	8.242	
R	1.066	2.849	3.766	3.875	
主次顺序	D>C>B>A				
优水平	$A_2B_2C_2D_3$				
优组合	$A_2B_2C_2D_3$				

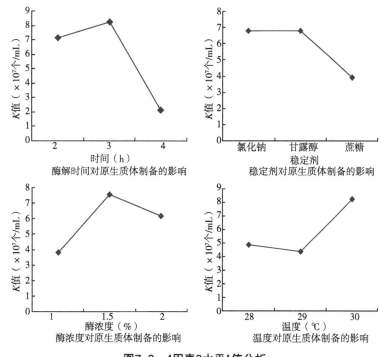

酶解时间对原生质体制备的影响

稳定剂对原生质体制备的影响

酶浓度对原生质体制备的影响

温度对原生质体制备的影响

图7-9 4因素3水平k值分析

7.4.2.6 原生质体的融合

采用电融合法[102],使桑黄和平菇原生质体相融合。电击杯的清洗过程:①用无菌水将电击杯冲洗一下;②向电击杯内加入75%酒精浸泡2h;③弃去酒精,再用无菌水冲洗2~3遍,然后用1mL的枪吸取无菌水反复吹打电击杯10遍以上;④加无水乙醇2mL于电击杯内,浸泡30min;⑤弃去无水乙醇,于通风橱内灭菌挥干乙醇;⑥将灭菌清洗好的电击杯放入-20℃冰箱内待用。

取0.5mL桑黄的原生质体和0.5mL平菇的原生质体于备好的电击杯中,启动电融合仪,电压2 500V,电容25F,电阻200Ω,脉冲为1次。

7.4.2.7 融合菌株再生

先将电击融合好的原生质体混合液,吸取部分在显微镜下观察如图7-10所示,然后将培养好的桑黄与平菇的融合菌株接种至活化培养基上,28℃培养10d。

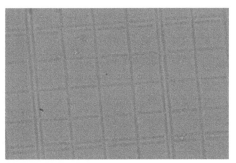 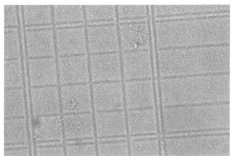

图7-10 平菇与桑黄原生质体融合后显微拍摄

7.4.3 结果和结论

7.4.3.1 单因素酶解时间的影响

本试验设计了梯度的酶解时间段,研究不同的酶解时间对桑黄原生质体制备的影响,酶解温度为30℃,稳渗剂为0.6mol/L甘露醇,酶解液为1.5%溶壁酶,结果如图7-11所示,可以看出,酶解前期原生质体的数量随着酶解时间的延长而增加,一段时间后达到峰值,酶解时间再增加原生质体的数量就下降了。这可能是因为酶解一段时间后，可以解离的菌丝基本解离完而早期酶解的部分原生质体溶解或破裂。也可能是酶的活力随时间的延长而减弱，前期释放出来的部分原生质体破裂了。

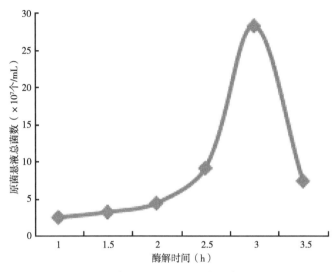

图7-11 酶解时间对原生质体制备的影响

7.4.3.2 正交试验结果分析

由表7-13得出各因素对原生质体数量的影响程度为D>C>B>A。即温度>酶浓度>稳渗剂>时间。可以看出，酶解时的温度对酶活力的影响之重要，酶解温度不仅影响细胞壁的生理状态而且还影响酶的活性。由图7-9看出，适合的酶解温度，会促使酶活力达到最好状态，低于这个温度时，酶活性较低，原生质体产量始终不高，随温度升高酶活性增强，原生质体的数量增多。通过图7-9和正交设计可得出最佳组合是$A_2B_2C_2D_3$，即酶解时间为3h，稳渗剂为0.6mol/L的甘露醇，酶浓度为1.5%的溶壁酶，水浴酶解温度为30℃。将最佳组合进行处理，得到原生质体数量为6.05×10^7个/mL，该数据小于组合4（$A_2B_1C_2D_3$）的13.3×10^7个/mL，即酶解时间为3h，稳渗剂为0.6mol/L的氯化钠，酶浓度为1.5%的溶壁酶，水浴酶解温度为30℃。

7.4.3.3 电融合后的分析

由图7-12看出桑黄与平菇原生质体融合的情况，有的原生质体粘连在一起，有的连成一片。说明种间可以进行原生质体的融合，为进一步生物工程育种提供可能。为了更确切分析，对融合子进行了再生培养，平板正面有平菇的特征，平板反面有桑黄的颜色特性。

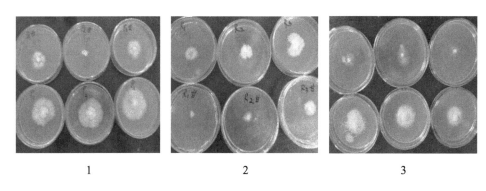

图7-12　3种菌落的纯化平板

注：1.平菇原生质体再生菌落纯化平板；2.平菇和桑黄融合子原生质体再生菌落纯化平板；3.桑黄原生质体再生菌落纯化平板。

7.4.3.4　讨论

本研究影响原生质体分离的因素为时间、稳渗剂、酶浓度、温度，结果表明适宜的制备条件为酶浓度为1.5%的溶壁酶，酶解温度为30℃。用不同的稳渗剂分离得到的桑黄原生质体产量存在很大的差异。只考虑产量，宜采用氯化钠为分离稳渗剂。同时酶解时间也影响桑黄原生质体的产量，在选定的酶解条件下，酶解3h时产量达到最高。所以本试验酶解时间为3h。再生培养基所用渗透压稳定剂对桑黄菌原生质体再生有重要影响，本试验适宜的再生培养基渗透压稳定剂是甘露醇。

8　桑黄的综合研发——桑黄扩大生产

8.1　桑黄扩大培养活性成分变化规律[42]

8.1.1　材料与方法

8.1.1.1　材料

（1）供试菌株。试验的供试菌株为桑黄菌种SH-001，由菏泽学院微生物遗传育种实验室提供。

（2）试验试剂。主要试剂的信息见表8-1。

表8-1　主要试剂

试剂	纯度	生产厂家
葡萄糖	AR	天津市科密欧化学试剂有限公司
无水葡萄糖	AR	合肥博美生物科技有限责任公司
浓硫酸	AR	莱阳经济技术开发区精细化工厂
95%乙醇	AR	天津市富宇精细化工有限公司
蒽酮	AR	上海麦克林生化科技股份有限公司
芦丁	98%	合肥博美生物科技有限责任公司
无水AlCl₃	AR	天津市永大化学试剂有限公司
齐墩果酸	97%	上海麦克林生化科技股份有限公司
香草醛	AR	西陇化工股份有限公司
冰醋酸	AR	天津市津东天正精细化学试剂厂
乙酸乙酯	AR	天津市大茂化学试剂厂

（续表）

试剂	纯度	生产厂家
高氯酸	AR	天津政成化学制品有限公司
琼脂粉	BR	北京奥博星生物技术有限责任公司
KH$_2$PO$_4$	AR	天津市科密欧化学试剂有限公司
MgSO$_4$	AR	天津市凯通化学试剂有限公司

多糖的测定：葡萄糖，蒽酮—硫酸试剂（200mg蒽酮迅速溶于100mL 98%浓硫酸中，当天使用）。

黄酮的测定：95%乙醇，98%芦丁，无水AlCl$_3$。

三萜的测定：齐墩果酸对照品，香草醛溶液（在10mL冰醋酸中加入0.5g香草醛使其溶解，当天使用），乙酸乙酯，高氯酸。

其余试剂为琼脂粉、玉米粉、KH$_2$PO$_4$、MgSO$_4$、马铃薯提取液、豆面。

（3）试验仪器。XY-YT液体菌种培养器，济南覃源农业机械有限公司；UV-6100可见光分光光度计，上海元析仪器有限公司；MLS-3780高压蒸汽灭菌锅（日本三洋电机株式会社）；ZQZY-C8振荡培养箱，上海知楚仪器有限公司；HR/T20M台式高速冷冻离心机，湖南赫西仪器装备有限公司；GL224I-1SCN电子天平，赛多利斯科学仪器（北京）有限公司；YJ-VS-2双人垂直超净工作台，无锡一净净化设备有限公司；BCD-268STCV冰箱，海尔智家股份有限公司；HH-W420数显恒温水箱，常州市江南实验仪器厂；电热鼓风干燥箱，上海博迅医疗生物仪器股份有限公司；MJ-250-1霉菌培养箱，上海一恒科学仪器有限公司。

8.1.1.2 试验方法

（1）桑黄菌种活化。

①PDA培养基的制备[103]：马铃薯去皮切块，称取200g，煮沸30min，8层纱布过滤取滤液，加入20g琼脂，搅拌至完全溶解，加入20g葡萄糖混匀，温水定容至1 000mL，pH值自然，趁热分装至锥形瓶，121℃灭菌30min，倒平板。

②菌种活化：把桑黄菌种转接至PDA培养基上，28℃培养，每2d观察记录其生长形态。

（2）液体培养。

①液体培养基：

液体培养基配方：玉米粉20g/L、豆面10g/L、KH$_2$PO$_4$ 2.5g/L、MgSO$_4$ 1g/L，pH值自然。

液体培养基配制方法：玉米粉和豆面加适量蒸馏水煮沸30min，加入KH$_2$PO$_4$和MgSO$_4$，溶解后定容，pH值自然。

②锥形瓶培养：

处理1：250mL锥形瓶中倒入150mL液体培养基，8层纱布2层报纸封口，共25瓶，121℃灭菌30min，冷却备用。从活化桑黄菌种的固体培养基上，用打孔器取直径1cm圆形菌块接种到液体培养基，每瓶接种2个菌块，28℃、180r/min摇床培养。

处理2：500mL锥形瓶倒入300mL液体培养基，8层纱布2层报纸封口，共45瓶，121℃灭菌30min，冷却备用。从活化桑黄菌种的固体培养基上，用打孔器取直径1cm圆形菌块接种到液体培养基，每瓶接种4个菌块，28℃、180r/min摇床培养。

2个处理均每3d取样观察，测定并记录其3种活性物质的含量。

③发酵罐培养：

发酵罐液体培养基：玉米粉20g/L、豆面10g/L，pH值自然，接种量10%。

60L发酵罐加35.8L液体培养基，闭罐118℃高温灭菌1h后冷却水循环冷却，取500mL锥形瓶培养14d的桑黄菌丝体14瓶，在无菌操作下倒入发酵罐中，温度设定为23℃，罐内气压为0.03～0.05MPa，培养7d，观察记录。

（3）分离菌丝体。培养桑黄菌丝体的250mL和500mL锥形瓶各取3瓶，发酵罐取菌丝体时要严格按照操作规范进行无菌操作。各取20mL培养液通过8层纱布过滤得到菌丝体和发酵液。发酵液放冰箱冷藏，用作胞外活性物质的测量，菌丝体用蒸馏水清洗3次，在60℃干燥箱中干燥至恒重，备用。

（4）多糖含量测定。

葡萄糖标准曲线绘制：根据周璇等[104]的方法测定葡萄糖标准液，绘制标准曲线。

胞外多糖测定：取5mL菌液10 000r/min离心10min，取1mL上清液，加入3倍95%乙醇，振荡，4℃过夜，3 500r/min离心15min，收集沉淀，得到桑黄粗多糖。取桑黄粗多糖溶于10mL热水，稀释10倍，取0.5mL于试管中，加入蒽酮—硫酸试剂2mL，立即摇匀，100℃水浴中显色10min，取出，冰浴至室温，于波长620nm处测定其吸光度值。

胞内多糖测定：取0.2g桑黄干粉加水，料液比为1∶45，100℃浸提3.5h，3 500r/min离心10min，取上清液，加3倍95%乙醇，后续步骤与胞外多糖的测定方法相同。

（5）黄酮含量测定。标准曲线的绘制、胞外和胞内黄酮含量的测量均按照杜睿绮等[105]的方法进行操作。

（6）三萜含量测定。齐墩果酸标准曲线的绘制、胞内三萜含量的测量均按照姚强等[106]的方法进行操作。

胞外三萜的测定：取1mL桑黄培养液过滤液，加入95%乙醇3mL，静置24h，去沉淀，取上清液1mL，100℃蒸馏去除乙醇，加入0.4mL香草醛，1.6mL高氯酸，70℃水浴15min，加入4mL乙酸乙酯摇匀，静置15min，于波长551nm处测定吸光度值。

8.1.2 结果与分析

8.1.2.1 桑黄菌丝体液体发酵

（1）固体培养基菌种活化。PDA固体培养基上桑黄菌种活化过程中的菌丝体形态变化见图8-1。

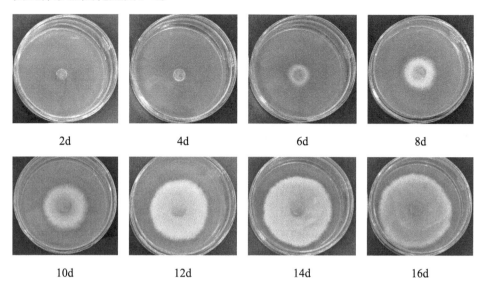

| 2d | 4d | 6d | 8d |
| 10d | 12d | 14d | 16d |

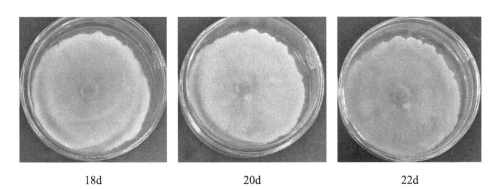

18d　　　　　　　20d　　　　　　　22d

图8-1　固体培养基上桑黄形态的变化

在PDA固体培养基上桑黄菌种活化过程的生长情况详见表8-2。

表8-2　桑黄菌种活化过程生长情况记录

培养天数（d）	菌丝体生长情况
2	少量白色绒毛
4	绒毛生长，略微向周围扩散
6	绒毛状菌丝体继续生长
8	菌丝体继续生长
10	菌丝体继续生长
12	正常生长
14	正常生长
16	正常生长
18	基本长满培养基，颜色变深
20	基本长满培养基
22	长满培养基，颜色变为棕黄色

（2）锥形瓶液体培养。在300mL液体培养基（处理2）中桑黄的生长形态变化详见图8-2。

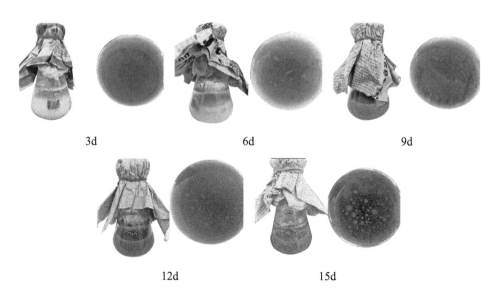

3d 6d 9d

12d 15d

图8-2 锥形瓶液体培养基中桑黄形态的变化

桑黄在锥形瓶液体培养过程中，取20mL培养液测定菌丝质量，其测定结果及生长情况记录详见表8-3。

表8-3 桑黄菌种锥形瓶液体培养过程生长情况记录

培养时长（d）	处理1		处理2	
	菌丝质量（g/20mL）	生长情况	菌丝质量（g/20mL）	生长情况
3	—	有黄色微小颗粒	—	有黄色微小颗粒
6	0.09	淡黄色小球	0.08	淡黄色小球
9	0.18	培养基完全呈黄色，菌丝球生长明显	0.18	培养基完全呈黄色，菌丝球生长明显
12	0.23	菌丝体呈球状	0.24	菌丝体呈放射状
15	0.28	菌丝球生长较大，大部分培养液变为棕色	0.28	菌丝球生长较大，大部分培养液变为棕色
18	0.34	菌丝球生长较大，大部分培养液变为棕色	0.30	菌丝球生长较大，大部分培养液变为棕色

由表8-3可知，处理1与处理2培养的桑黄菌丝体质量基本相同，第6天到第9天菌丝体质量翻倍增加，之后稳步增加。但其生长情况稍有不同，培养的第12天处理1的桑黄菌丝体呈球状，处理2的桑黄菌丝体呈放射状。

（3）发酵罐液体培养。发酵罐液体培养桑黄的形态变化详见图8-3。

| 2d | 4d | 6d | 7d |

图8-3 发酵罐液体培养基中桑黄形态的变化

发酵罐液体培养桑黄过程中取20mL培养液测定菌丝质量，其测定结果及生长情况记录详见表8-4。

表8-4 桑黄菌种发酵罐液体培养过程生长情况记录

培养时长（d）	菌丝质量（g/20mL）	固液比	pH值	温度（℃）	压强（MPa）	发酵液颜色	菌丝体
2	0.10	3∶1	5	23	0.03	淡黄色	未成形
4	0.14	3∶1	5	28	0.04	黄色	菌丝球初步成形
6	0.14	3∶1	5	24	0.04	黄色	大菌球（直径约0.7cm），占所有菌丝球比例达60%
7	0.13	6∶5	5	—	—	棕黄色	大菌球（直径约0.7cm），比例下降

由表8-4可知，60L发酵罐培养的桑黄菌丝体质量在第4天达到最大，第6天不变，第7天时减少0.01g。证明在60L发酵罐培养时，菌丝体最好的收获时间为培养4~6d。

8.1.2.2 **桑黄液体培养过程中的活性成分**

（1）标准曲线。

①多糖测定的标准曲线：在波长620nm处测定葡萄糖标准液的吸光度值并绘制标准曲线，见图8-4。

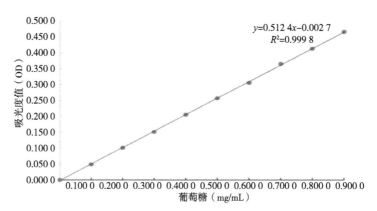

$$y=0.512\ 4x-0.002\ 7$$
$$R^2=0.999\ 8$$

图8-4 葡萄糖标准曲线

如图8-4所示，葡萄糖标准曲线的线性回归方程为：

$$y=0.521\ 4x-0.002\ 7$$

该回归方程的相关系数R^2为0.999 8。

②黄酮测定的标准曲线：通过$AlCl_3$比色法在波长410nm处测芦丁标准液吸光度值并绘制标准曲线，见图8-5。

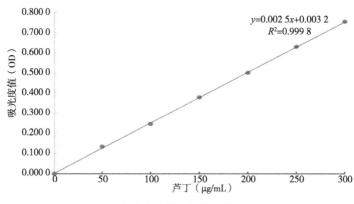

$$y=0.002\ 5x+0.003\ 2$$
$$R^2=0.999\ 8$$

图8-5 芦丁标准曲线

如图8-5所示，芦丁标准曲线的线性回归方程为：

$$y=0.002\,5x+0.003\,2$$

该回归方程的相关系数R^2为0.999 8。

③三萜测定的标准曲线：在波长551nm处测定齐墩果酸标准液的吸光度值并绘制标准曲线，见图8-6。

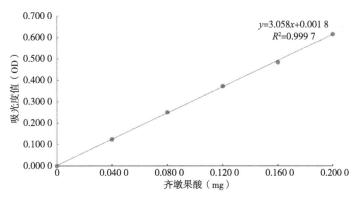

图8-6 齐墩果酸标准曲线

如图8-6所示，齐墩果酸标准曲线的线性回归方程为：

$$y=3.058x+0.001\,8$$

该回归方程的相关系数R^2为0.999 7。

（2）桑黄活性成分变化趋势。

①多糖变化趋势：锥形瓶液体培养桑黄的胞外多糖含量变化趋势见图8-7。

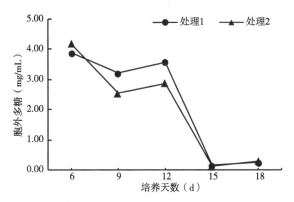

图8-7 锥形瓶培养桑黄菌丝体的胞外多糖

由图8-7可知，锥形瓶培养的桑黄菌丝体胞外多糖含量的变化趋势总体为下降，两个培养规格均在第6天时菌丝体胞外多糖的含量最高，在第12天后快速降低。

锥形瓶液体培养桑黄的胞内多糖含量变化趋势见图8-8。

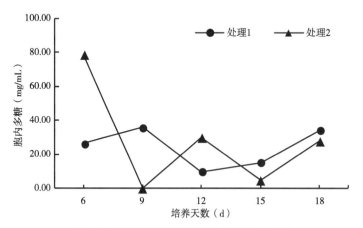

图8-8　锥形瓶培养桑黄菌丝体的胞内多糖

由图8-8可知，胞内多糖含量变化呈波浪形。处理1的桑黄菌丝体胞内多糖在第9天时含量最高，处理2的桑黄菌丝体胞内多糖在第6天含量最高，处理1比处理2的胞内多糖含量峰值延迟3d出现。二者相比，处理2的培养条件更利于胞内多糖迅速产生。

发酵罐液体培养桑黄菌丝体的胞外多糖含量变化趋势见图8-9。

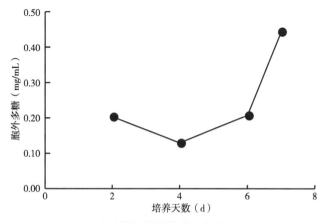

图8-9　发酵罐培养桑黄菌丝体的胞外多糖

由图8-9可知，发酵罐培养的桑黄菌丝体胞外多糖含量先减少后增加，在第7天时最高。

发酵罐液体培养桑黄菌丝体的胞内多糖含量变化趋势见图8-10。

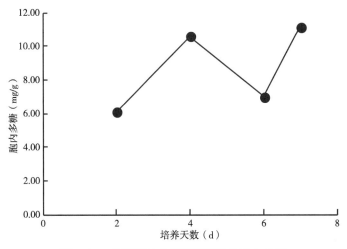

图8-10　发酵罐培养桑黄菌丝体的胞内多糖

由图8-10可知，发酵罐培养的桑黄菌丝体胞内多糖波动变化，含量先增加后减少再增加，在第7天达到峰值。

②黄酮变化趋势：锥形瓶液体培养桑黄菌丝体的胞外黄酮含量变化趋势见图8-11。

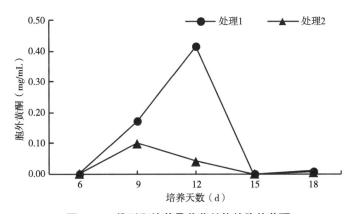

图8-11　锥形瓶培养桑黄菌丝的胞外黄酮

由图8-11可知，相同培养时间下，处理1培养的桑黄菌丝体胞外黄酮含量均高于处理2，且都呈先高后低的趋势。处理1胞外黄酮含量在第12天时最高，处理2第9天含量最高，处理1峰值出现时间比处理2延迟3d。

锥形瓶液体培养桑黄菌丝体的胞内黄酮含量变化趋势见图8-12。

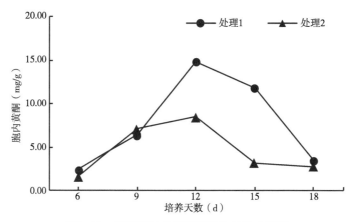

图8-12　锥形瓶培养桑黄菌丝体的胞内黄酮

由图8-12可知，除第9天以外，其他相同的培养时间下，处理1培养的桑黄菌丝体胞内黄酮含量都高于处理2，且都呈先高后低的趋势，并都于第12天达到峰值。

发酵罐液体培养桑黄菌丝体的胞外黄酮含量变化趋势见图8-13。

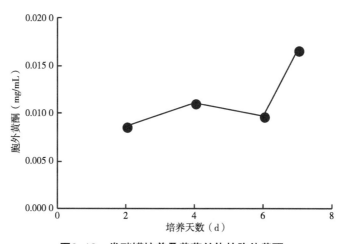

图8-13　发酵罐培养桑黄菌丝体的胞外黄酮

由图8-13可知，60L发酵罐培养的桑黄菌丝体胞外黄酮含量先增加后减少再增加，第7天胞外黄酮的含量最高。

发酵罐液体培养桑黄菌丝体的胞内黄酮含量变化趋势见图8-14。

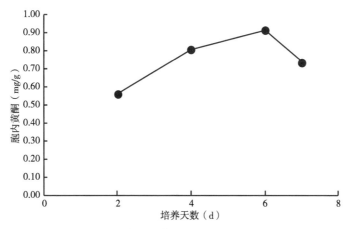

图8-14 发酵罐培养桑黄菌丝体的胞内黄酮

由图8-14可知，60L发酵罐培养的桑黄菌丝体胞内黄酮的含量先增加后降低，第6天胞内黄酮含量最高。

③三萜变化趋势：锥形瓶液体培养桑黄菌丝体的胞外三萜含量变化趋势见图8-15。

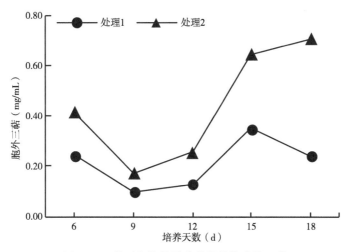

图8-15 锥形瓶培养桑黄菌丝体的胞外三萜

由图8-15可知，相同的培养时间下，处理2的桑黄菌丝体胞外三萜含量均大于处理1。处理1中胞外三萜含量先减少后增加又减少，第15天含量最高；处理2中胞外三萜含量先减少后增加，第18天含量最高。

锥形瓶液体培养桑黄菌丝体的胞内三萜含量变化趋势见图8-16。

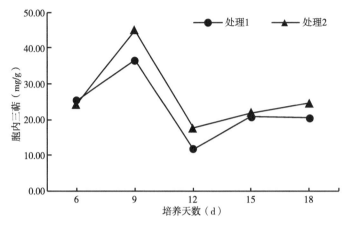

图8-16 锥形瓶培养桑黄菌丝体的胞内三萜

由图8-16可知，相同的培养时间下，处理2的桑黄菌丝体胞内三萜含量基本大于处理1。处理1中胞内三萜的含量先增加后减少再增加又减少，第15天含量最高；处理2中胞内三萜含量先增加后减少再增加，第9天含量最高。

发酵罐液体培养桑黄菌丝体的胞外三萜含量变化趋势见图8-17。

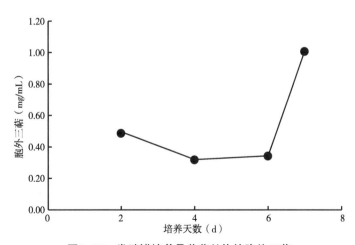

图8-17 发酵罐培养桑黄菌丝体的胞外三萜

由图8-17可知，60L发酵罐培养的桑黄菌丝体胞外三萜含量先减少后增加，在第7天含量最高。

发酵罐液体培养桑黄菌丝体的胞内三萜含量变化趋势见图8-18。

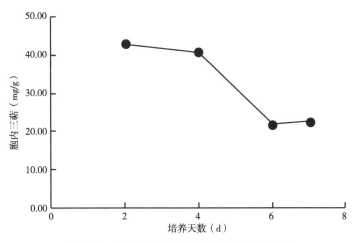

图8-18　发酵罐培养桑黄菌丝体的胞内三萜

由图8-18可知，60L发酵罐培养的桑黄菌丝体胞内三萜含量持续减少，在第2天含量最高。

8.1.3　讨论与结论

桑黄菌丝体在两种规格锥形瓶液体培养基和发酵罐的扩大培养过程中，3种活性物质的含量分别表现出不同的变化趋势。

在150mL和300mL液体培养基中胞外多糖都呈下降趋势；150mL液体培养基培养的桑黄菌丝体胞内多糖峰值出现时间比300mL液体培养基培养的延迟3d，说明300mL液体培养基培养条件下更利于胞内多糖的迅速产生。60L发酵罐培养的桑黄胞外多糖呈上升趋势，而单位（mg/mL或mg/g）胞外、胞内多糖的峰值产量低于锥形瓶培养胞外、胞内多糖的峰值产量。

在150mL和300mL液体培养基中桑黄菌丝体胞外、胞内黄酮都呈先高后低的趋势。150mL液体培养基中单位黄酮产量高于300mL液体培养基中单位黄酮产量，二者相比，150mL液体培养基的培养条件更利于胞外、胞内黄酮的高产。60L发酵罐培养的桑黄菌丝体胞外、胞内黄酮都呈现先增长态势，胞外黄酮第7天达到峰值，胞内黄酮第6天达到峰值。发酵罐培养中单位胞外、胞内黄酮的峰值产量均低于锥形瓶培养中的峰值产量。

在150mL和300mL液体培养基中桑黄菌丝体胞外、胞内三萜都有相似的变化规律。其中，150mL液体培养基中胞外、胞内三萜含量都在第15天达到峰值。300mL液体培养基中单位三萜产量高于150mL液体培养基，二者相比，300mL液体培养基的培养条件更利于胞内、胞外三萜的生产。60L发酵罐中单位胞外三萜的峰值产量高于锥形瓶胞外三萜的峰值产量，单位胞内三萜的峰值产量接近锥形瓶胞内三萜的峰值产量，说明胞外三萜更适合在大容量培养条件下获得。

通过对两组规格锥形瓶的桑黄菌丝体生长进行比较，可以捕捉桑黄在扩大培养过程中菌丝球的变化特征及活性物质的变化规律，为规模化工业生产提供参考依据。同时，试验结果说明，如果进行桑黄菌丝体多糖及黄酮的规模化生产，培养条件还需要进一步优化。如果进行桑黄三萜的规模化培养，目前培养条件基本能够达到量化生产需求。这为确定桑黄规模化培养条件、适时收获桑黄菌丝体及其多糖、黄酮、三萜等活性物质具有重要的指导意义。

8.2　桑黄扩大培养过程中黄酮产量变化研究[105]

8.2.1　材料与方法

8.2.1.1　材料

（1）桑黄菌种。保存于菏泽学院微生物遗传育种实验室的固体斜面桑黄菌种。

（2）试剂。95%乙醇（分析纯，天津市永大化学试剂有限公司）；无水三氯化铝（分析纯，天津市永大化学试剂有限公司）；蔗糖（分析纯，天津市永大化学试剂有限公司）；琼脂粉（生化试剂，天津市科密欧化学试剂有限公司）；蛋白胨（生化试剂，北京奥博星生物技术有限责任公司）；$MgSO_4$（分析纯，天津市河东区红岩试剂厂）；KH_2PO_4（分析纯，西陇化工股份有限公司）；98%芦丁［化学对照品，阿拉丁试剂（上海）有限公司］；玉米粉、麸皮、马铃薯提取液，煮沸30min后由纱布过滤得到。

（3）仪器。HZQ-F160振荡培养箱（哈尔滨市东联电子技术开发有限公司）；HZQ-Y全温振荡器（哈尔滨市东联电子技术开发有限公司）；
MJX型智能霉菌培养箱（宁波江南仪器厂）；101-2型电热鼓风干燥箱（北
京市永光明医疗仪器有限公司）；7230G可见分光光度计（上海舜宇恒平
科学仪器有限公司）；S-HH-W21-CR420电热恒温水浴箱（北京长安科学
仪器厂）；MLS-3780全自动高压蒸汽灭菌锅（日本三洋电机株式会社）；
CJ-2D净化工作台（天津市泰斯特仪器有限公司）；TGL-16C高速台式离
心机（上海安亭科学仪器厂）。

8.2.1.2　方法

（1）平板培养方法。保存于实验室的固体斜面桑黄菌种转接至马铃薯
培养基（PDA），用接种铲取出均匀菌块接种于平板中央，28℃下恒温培
养，测定桑黄生长直径，并观察生长状况。

（2）液体培养方法。扩大培养过程中所用的液体培养基为菏泽学院
微生物遗传育种实验室在前人研究的基础上[107]改进的。培养基配方：玉米
粉30g/L、麸皮70g/L、蛋白胨20g/L、KH_2PO_4 1g/L、$MgSO_4$ 1.5g/L，pH值
自然。

待桑黄菌落直径达到平板直径，无菌条件下，用直径为1cm的打孔器打
出菌柄，分别接种于250mL锥形瓶内150mL的液体培养液中（每瓶接2个菌
柄）、500mL锥形瓶内300mL的液体培养液中（每瓶接4个菌柄）、1 000mL
锥形瓶内600mL的液体培养液中（每瓶接8个菌柄），28℃、180r/min
条件下振荡培养18d。

（3）桑黄菌丝粉末的制备。培养18d的菌液经8层纱布过滤（滤液保
留），用蒸馏水洗涤3次，置于已知重量的培养皿中，60℃下恒温鼓风干燥
箱干燥至恒重，冷却后称菌丝体质量，研钵研碎后过60目筛得到。

（4）标准曲线的绘制。精密称量芦丁10.0mg（烘干至恒重），70%
乙醇定容至100mL，终浓度为0.1mg/mL；称取$AlCl_3$ 1.34g，70%乙醇定容
至100mL，配成0.1mol/L的溶液；分别取0mL、0.5mL、1.0mL、1.5mL、
2.0mL、2.5mL、3.0mL的芦丁标准液至10mL的容量瓶，并加入4mL的
0.1mol/L $AlCl_3$溶液，70%乙醇定容至10mL，摇匀，静置15min，410nm下测
定吸光度。以芦丁实际浓度（C）对吸光度（Y）做线性回归，得到线性回

归方程为$Y=0.002\,8C+0.002\,3$，$R^2=0.999\,6$（图8-19）。

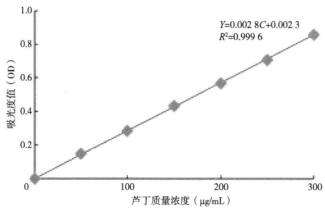

图8-19　芦丁标准曲线

（5）桑黄黄酮含量的测定。

①胞外黄酮测定[108]：无菌操作下取胞外液，4 000r/min离心10min，取1mL上清液加入4mL 0.1mol/L显色液AlCl₃，70%乙醇定容至10mL，40℃水浴显色10min，测定其410nm处的吸光度，代入标准曲线求得黄酮的浓度，再换算成黄酮产量。

②胞内黄酮测定：采用有机溶剂浸提法提取黄酮。取菌丝粉末0.5g，20倍体积70%乙醇、80℃温度下浸提2h，浸提液4 000r/min离心10min，取上清，之后操作步骤同（5）①。

8.2.2　结果与分析

8.2.2.1　桑黄扩大培养过程中形态观察

（1）桑黄菌种活化过程中形态变化。图8-20展示了桑黄在固体培养基上第4天、第6天、第8天、第10天的生长形态，长势良好，菌落直径逐渐增大。

（2）桑黄液体培养过程中形态变化。图8-21展示了桑黄在液体培养基第4天、第8天、第12天、第16天的生长状况。菌液由棕色逐渐变为棕褐色。菌丝体逐渐增加，其形态呈球形（平均直径约为0.25cm）或柱形（长和宽分别约为0.35和0.20cm）。

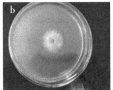

图8-20 固体培养基上桑黄的形态变化

注：a.第4天；b.第6天；c.第8天；d.第10天。

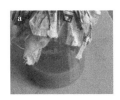

图8-21 液体培养基里桑黄的形态变化

注：a.第4天；b.第8天；c.第12天；d.第16天。

8.2.2.2 桑黄扩大培养过程中黄酮的产量

（1）胞外黄酮的产量。把吸光度值（OD）代入线性回归方程 $Y=0.0028C+0.0023$，经单位换算即可得到黄酮产量。从表8-5可以看出，3种不同体积的液体培养基胞外黄酮的产量呈现先下降再上升的趋势。

表8-5 桑黄扩大培养过程中胞外黄酮的产量

液体培养基体积（mL）	胞外黄酮OD值	胞外黄酮产量（mg/mL）
150	0.648	0.231
300	0.318	0.113
600	0.598	0.213

（2）胞内黄酮的含量。把OD值代入线性回归方程 $Y=0.0028C+0.0023$，得到的 C 乘以浸提液的体积为0.5g菌丝对应的黄酮产量数据，再经换算得出胞内黄酮产量。从表8-6可以看出，3种不同体积液体培养基的胞内黄酮产量也呈现先下降再上升的趋势。

表8-6 桑黄扩大培养过程中胞内黄酮的产量

液体培养基体积（mL）	胞内黄酮OD值	菌丝体恒重（g）	胞内黄酮产量（mg/mL）
150	0.255	1.74	0.021
300	0.288	4.17	0.014
600	0.534	5.88	0.037

8.2.3 讨论与结论

此次试验中，桑黄胞外黄酮产量略高出文献数据[109]，桑黄菌丝体的黄酮产量比文献资料中偏低[109]。一方面可能由于试验菌种不同所致，另一方面可能与桑黄菌丝体黄酮提取方法不同有关。

根据测量数据，250mL、500mL、1 000mL 3种锥形瓶胞外黄酮产量分别为0.231mg/mL、0.113mg/mL、0.213mg/mL，胞内黄酮产量分别为0.021mg/mL、0.014mg/mL、0.037mg/mL，均呈现先下降再上升的趋势。

黄酮产量与液体培养基、培养条件、培养天数、浸提方法、测量方法均有密切关系，此次扩大培养过程中除锥形瓶装培养基量不同外，上述条件均相同。黄酮产量随着液体培养基体积的成倍增加呈先下降再上升的变化趋势，可能与桑黄黄酮代谢有关，桑黄调节其代谢机制以适应环境和满足自身生长繁殖对黄酮的需求。

8.3 桑黄液体培养胞外酶产生及变化规律[33]

8.3.1 材料和方法

8.3.1.1 试验材料

（1）菌种。桑黄菌（菏泽学院微生物遗传育种实验室保藏）。

（2）培养基。

PDA培养基：马铃薯200g，葡萄糖20g，琼脂18g，蒸馏水1 000mL，pH值自然。

液体培养基：玉米粉25g，麸皮35g，硫酸镁0.5g，磷酸二氢钾1g，pH值自然。

8.3.1.2 试验仪器与药品

（1）试验仪器。基本仪器有培养皿，试管，三角瓶，滤纸，酒精灯，接种铲，牙签，镊子，量筒，移液枪，打孔器。其他试验仪器见表8-7。

表8-7 试验仪器

仪器	型号	生产厂家
电热鼓风干燥箱	101型	北京市永光明医疗仪器有限公司
高压蒸汽灭菌器	MLS-3780型	日本三洋电机株式会社
标准型双人净化工作台	SW-CJ-1C型	苏净集团·苏州安泰空气技术有限公司
全温振荡器	HZQ-Y型	哈尔滨市东联电子技术开发有限公司
电冰箱	BCD-282VBP型	海信（北京）电器有限公司
三用电热恒温水箱	S-HH-W21-CR420型	北京长安科学仪器厂
药品保存箱	HYC-360型	上海肯强仪器有限公司
电子天平	FA1004	梅特勒托利多科技（中国）有限公司
恒温培养箱	PYX-250B-Z	上海博迅医疗生物仪器股份有限公司
低速台式离心机	TDL-5-A	上海安亭科学仪器厂
全温摇瓶柜	HYG-A	太仓市实验设备厂
全温摇床	DHZ-DA	太仓市实验设备厂
空气恒温培养箱	HZQ-C	哈尔滨市东联电子技术开发有限公司
723紫外分光光度仪	723OG	上海舜宇恒平科学仪器有限公司

（2）试验药品。试验所用药品见表8-8。

表8-8 试验药品

药品	纯度
KH_2PO_4	AR
$MgSO_4$	AR

（续表）

药品	纯度
酵母膏	BR
蛋白胨	BR
维生素B$_1$	BR
葡萄糖	AR
琼脂	BR
淀粉	AR
柠檬酸	AR
柠檬酸钠	AR
羧甲基纤维素钠	AR
乙酸钠	AR
邻联甲苯胺	AR
邻苯二酚	化学纯
愈创木酚	化学纯

8.3.1.3 培养方法和样品制备

（1）菌种活化。菌种在固体培养基中28℃恒温培养箱中培养15d。

（2）菌丝培养。向装有100mL液体培养基的250mL三角瓶中接入28℃培养15d的平板菌饼2片（直径为1cm），160r/min，恒温振荡培养。共设7个重复，7次取样分别从不同的重复中取样。

（3）粗酶液制备。每天定时取样4mL，3 500r/min，离心10min，上清液即为粗酶液。将粗酶液分成两份，一份不做处理，用于酶活测定；另一份在沸水浴中保持15min，冷却后即为空白对照。

8.3.1.4 酶活性的测定

（1）淀粉酶活性的测定。试管中加入0.5%的可溶性淀粉溶液（用pH值5.8，0.1mol/L乙酸盐缓冲液配置）1.5mL，加稀释10倍的粗酶液0.5mL混匀，38℃水浴准确保温30min，取出后立即加入配制的DNS试剂1.5mL，煮沸5min，取出冷却后加入蒸馏水21.5mL，混匀，立即用723型紫外可见分光光度计测520nm处的OD值，以沸水浴15min灭活的酶液作对照，做3个重复，求平均值，酶活性以样品与底物反应30min后OD的改变值表示。

（2）羧甲基纤维素酶活性的测定。试管中加入0.5%的羧甲基纤维素钠溶液（用pH值为4.6，0.1mol/L柠檬酸盐缓冲液配制）1.5mL，加稀释10倍的粗酶液0.5mL，50℃水浴准确保温30min，其后操作同淀粉酶活性测定。

（3）纤维素酶活性的测定。采用滤纸测定纤维素酶的活力，试管内加入一条新华1号滤纸，而后加入0.1mol/L pH值4.0的柠檬酸缓冲溶液1.0mL，加入粗酶液1.0mL，于50℃保温60min，取出后立即加入DNS试剂1.5mL，于100℃水浴中煮沸5min，冷却后加蒸馏水至25mL，混匀，立即用723型紫外分光光度计在520nm处测OD值，以沸水浴15min灭活的酶液作对照，做3个重复，求平均值，酶活性以样品与底物反应60min后OD的改变值表示[110]。

（4）果胶酶活性的测定。试管中加入1%的果胶溶液（用pH值4.5，0.1mol/L乙酸盐缓冲液配制）1.5mL，加稀释10倍的粗酶液0.5mL，50℃水浴准确保温30min，其后操作同淀粉酶活性测定。

（5）漆酶活性的测定。试管中加入3.36mmol/L邻联甲苯胺溶液0.5mL、0.1mol/L醋酸盐缓冲液（pH值4.6）3.4mL和稀释10倍的粗酶液0.1mL，反应液28℃保温30min后，立即用723型紫外分光光度计于600nm处测OD值，以沸水浴15min灭活的酶液作对照，做3个重复，求平均值，酶活性以样品与底物反应30min后OD的改变值表示。

（6）愈创木酚酶活性的测定。试管中加入80mmol/L的愈创木酚溶液0.5mL，0.1mol/L醋酸盐缓冲液（pH值4.6）3.0mL和稀释10倍的粗酶液0.5mL，反应液28℃保温30min后，立即用723型紫外分光光度计于490nm处测OD值，以沸水浴15min灭活的酶液作对照，做3个重复，求平均值，酶活性以样品与底物反应30min后OD的改变值表示。

（7）邻苯二酚氧化酶活性的测定。试管中加入0.1mmol/L的邻苯二酚溶液2.0mL、0.05mol/L磷酸盐缓冲液（pH值6.0）2.0mL和稀释10倍的粗酶液0.1mL，反应液28℃保温30min后，立即用723型紫外分光光度计于400nm处测OD值，以沸水浴15min灭活的酶液作对照，做3个重复，求平均值，酶活性以样品与底物反应30min后OD的改变值表示。

8.3.2 结果与分析

8.3.2.1 淀粉酶、羧甲基纤维素酶、纤维素酶、果胶酶的活性

由于桑黄液体培养时生长速度较慢，故本试验先将桑黄培养6d，从第7天开始取样测酶活性。桑黄液体培养过程中，培养液中的淀粉酶、羧甲基纤维素酶、纤维素酶、果胶酶的活性变化规律见图8-22、表8-9。

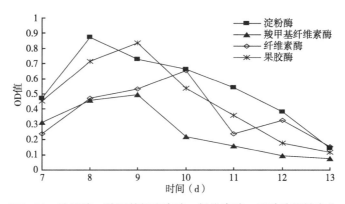

图8-22 淀粉酶、羧甲基纤维素酶、纤维素酶、果胶酶活性变化

表8-9 淀粉酶、羧甲基纤维素酶、纤维素酶、果胶酶活性变化值

时间(d)	淀粉酶（OD值）	羧甲基纤维素酶（OD值）	纤维素酶（OD值）	果胶酶（OD值）
7	0.472	0.311	0.238	0.453
8	0.874	0.457	0.472	0.713
9	0.729	0.496	0.532	0.837
10	0.663	0.219	0.653	0.536
11	0.541	0.157	0.237	0.362
12	0.383	0.093	0.326	0.176
13	0.144	0.076	0.153	0.115

从图8-22、表8-9可以看出，发酵液中淀粉酶、羧甲基纤维素酶、纤维

素酶、果胶酶的活性高峰分别出现在第8天、第9天、第10天，第9天，其中淀粉酶的活性高峰出现的最早，其次出现的是羧甲基纤维素酶和果胶酶，最后出现的是纤维素酶，纤维素酶除了在第10天出现一次高峰外，在第12天又出现一次小的高峰。说明桑黄液体培养过程中最早利用的是淀粉，这可能与培养基中含有大量的淀粉类诱导物有关[111]。羧甲基纤维素酶、果胶酶和纤维素酶的活性高峰随后出现，表明桑黄利用纤维素、果胶类物质比淀粉晚。

8.3.2.2 漆酶、愈创木酚酶、邻苯二酚氧化酶的活性

桑黄液体培养过程中，培养液中的漆酶、愈创木酚酶、邻苯二酚氧化酶的活性变化规律见图8-23、表8-10。

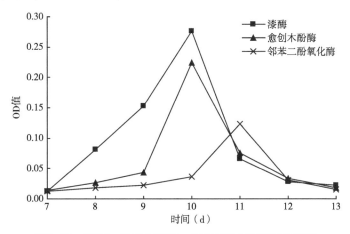

图8-23 漆酶、愈创木酚酶、邻苯二酚氧化酶活性变化

表8-10 漆酶、愈创木酚酶、邻苯二酚氧化酶活性变化值

时间（d）	漆酶（OD值）	愈创木酚酶（OD值）	邻苯二酚氧化酶（OD值）
7	0.012	0.014	0.012
8	0.082	0.027	0.018
9	0.153	0.043	0.022
10	0.276	0.225	0.037
11	0.066	0.076	0.124
12	0.028	0.033	0.031
13	0.022	0.018	0.016

从图8-23、表8-10可以看出，漆酶、愈创木酚酶、邻苯二酚氧化酶的活性高峰分别出现在第10天、第10天、第11天，漆酶、愈创木酚酶的活性高峰刚好出现在分解多糖的淀粉酶、羧甲基纤维素酶以及果胶酶之后，与纤维素酶的活性高峰衔接起来，说明桑黄对多种营养物质的利用高峰具有一定的顺序性，先利用淀粉、果胶、纤维素，然后利用木质素。

8.3.3 讨论

试验结果表明，桑黄在进行液体培养的过程中，会产生多种胞外酶，酶活性的强弱反映了菌丝生长过程中对培养基中营养物质的吸收利用情况，淀粉酶活性反映桑黄具有降解多糖类物质的能力，羧甲基纤维素酶、纤维素酶活性反映桑黄具有降解纤维素酶的能力，果胶酶活性反映桑黄具有降解果胶的能力，漆酶、愈创木酚氧化酶及多酚氧化酶活性表明桑黄具有降解木质素的能力[112]。这7种酶的酶活高峰先后出现，活性变化明显，漆酶、愈创木酚酶和多酚氧化酶的活性高峰出现在淀粉酶、羧甲基纤维素酶、果胶酶和纤维素酶之后，说明桑黄是先利用多糖类物质、果胶类物质，后利用木质素类物质。这与金针菇、姬菇、鲍鱼菇等胞外酶活性变化规律有类似之处[113]。多糖降解酶中淀粉酶活性高峰出现最早，含量最高，说明桑黄菌丝最早利用淀粉作为碳源，这可能与液体培养基中淀粉比例较高有关。

纤维素酶出现两个活性高峰，可能是由于桑黄液体发酵过程中产生多种纤维素酶引起。纤维素酶是由多种水解酶组成的一个复杂酶系，习惯上将其分为3类，即C1酶、Cx酶和β-葡萄糖苷酶。C1酶是对纤维素最初起作用的酶，破坏纤维素链的结晶结构；Cx酶是作用于经C1酶活化的纤维素、分解β-1, 4-糖苷键的纤维素酶；β-葡萄糖苷酶可以将纤维二糖、纤维三糖及其他低分子纤维糊精分解为葡萄糖。出现纤维素酶两个活性高峰的原因可能与多种纤维素酶出现的时间不同有关。

桑黄菌丝体在液体、固体培养基中的生长速度均较慢，所以在测定酶活性时要延长培养天数至13d，以测得完整的酶活性变化数据，这与其他短期即可获得大量菌丝体的真菌，如双孢菇、平菇的酶活测定的时间选择有所不同。本试验各种酶活高峰出现时间均晚于秦俊哲等试验结果中所出现的时间[114]，具体原因可能与接种量、培养条件等有关。

本试验结果对于确定桑黄培养基的成分具有一定的指导意义，对于适时分离收集各种桑黄胞外酶也具有一定的指导作用。

8.4　发酵罐生产

8.4.1　主要材料和设备

8.4.1.1　材料

玉米粉、豆粉、蛋白胨、磷酸二氢钾、硫酸镁。

8.4.1.2　设备

恒温振荡培养箱，紫外诱变箱，10L发酵罐，60L发酵罐，600L发酵罐，2m^{3}发酵罐，8m^{3}发酵罐。

8.4.2　生产方法

8.4.2.1　发酵罐生产

以10L为例，其他按比例增加，培养条件做适当调整。

（1）配制培养基。培养基由以下重量的原料制成：麦麸6%～8%，玉米粉2%～4%，蛋白胨1%～3%，$MgSO_4 \cdot 7H_2O$ 0.05%～0.15%，KH_2PO_4 0.10%～0.15%，$K_2HPO_4 \cdot 3H_2O$ 0.02%～0.04%，其余为水。

配制方法：麦麸放入足量的水中，煮沸45～55min，4层纱布过滤，向滤液中依次加入玉米粉、蛋白胨、$MgSO_4 \cdot 7H_2O$、KH_2PO_4和$K_2HPO_4 \cdot 3H_2O$，调pH值为6，配制6 000mL培养基。

（2）装罐。将培养基装入10L的发酵罐，10L发酵罐中加入4L水，温度升到70℃，加入根据配方配制的培养料，液体调至6L。

（3）灭菌。在搅拌状态下，夹层蒸汽加热到105～115℃；关闭搅拌，改为直接进蒸汽升温至119～124℃，压力（0.1±0.05）MPa，保温灭菌20min。

（4）接种。温度降到30℃以下时，火焰圈保护接种，向灭菌后的培养基中以10%的比例接入处于迅速生长期的培养8d的桑黄液体菌种。

（5）培养。温度：（28±0.5）℃。罐压：（0.05±0.005）MPa。空气流量：0～92h，0.20m^3/h；93～358h，0.30m^3/h；359～422h，0.20m^3/h

阶段性调节。搅拌功率：0～62h，20Hz；63～160h，30Hz；161～332h，20Hz；333～422h，10Hz。

发酵罐电机配置：200W，50Hz，1 300r/min；搅拌结构：两层圆盘直叶搅拌，一层搅拌桨；空气喷管：多孔圆环下喷试喷管。

8.4.2.2 产物分离

（1）过滤。获得滤液和菌丝体。

（2）分离。菌丝体烘干，做成菌粉或进一步分离提取多糖、黄酮和三萜类化合物。

滤液首先煮沸除水，到培养液量的1/5时，加入3倍体积的无水乙醇，静置1d，析出多糖，上清液先旋蒸除醇，之后根据需要有机提取黄酮和三萜类化合物。

（3）分纯。采用离子交换柱对各种成分进行分纯处理，收集成分集中的分离组分，浓缩结晶为所需各种纯品。

8.4.3 结果

8.4.3.1 发酵罐生产规律

培养第10天，菌浓达到最大，为30%，菌丝体产量最高，为4.621 7g/100mL（46.217mg/mL）。远远高于李翠翠等[115]的菌丝体产量0.356g/100mL。

培养第10天，胞外黄酮产量达到最大，为16.198mg/mL。

培养第5天，胞外三萜类化合物产量达到最大，为5.736mg/mL。

8.4.3.2 产品

获得各种成品（菌粉、多糖、黄酮、三萜），包装，销售。

9 桑黄的综合利用——桑黄酸奶制作[116]

桑黄作为一种珍贵的药用真菌，具有抗癌、免疫调节、抗肿瘤、降血糖、抗肺炎、抗氧化和抑菌消炎等医用价值。桑黄在药理作用及化学成分等方面研究的非常多，但在桑黄营养保健价值方面还有很大的开发空间。作为药食两用的中药，几乎无毒副作用且富含多种次级代谢产物和抗氧化性物质的桑黄，是保健食品加工的良好原料，有着巨大的市场需求。

与普通牛奶相比，酸奶风味独特、口感好，能够减弱人体乳糖不耐受症，改善胃肠功能。随着人们对健康饮品的关注，保健型酸奶产品逐渐受到大众欢迎。

我国目前报道的保健酸奶品种有草莓酸奶、灵芝酸奶、红枣酸奶等，鲜见桑黄酸奶的相关报道。本试验将桑黄发酵液和酸奶制作相结合，通过研究为制作桑黄风味酸奶提供科学依据，以期开发出新的酸奶产品，充分挖掘桑黄的食用价值，丰富酸奶产品类型，为桑黄深加工产品的开发提供帮助。

9.1 材料与方法

9.1.1 材料与试剂

高蛋白脱脂高钙奶粉：杜尔伯特伊利乳业有限责任公司；白砂糖（食品级）：北京古松经贸有限公司；保加利亚乳杆菌、乳双歧杆菌、嗜热链球菌：西安绿腾生物科技有限公司；桑黄发酵液：菏泽学院微生物遗传育种实验室提供。

葡萄糖、硫酸镁、硫酸锰、无水乙醇（均为分析纯）：天津市科密欧化学试剂有限公司；牛肉膏（生化试剂），蛋白胨、琼脂粉（均为分析纯）：北京奥博星生物技术有限责任公司；磷酸氢二钾（分析纯）：西陇化工股份有限公司；柠檬酸三铵、氢氧化钠、酚酞（均为分析纯）：天津市大茂化学试剂厂；石油醚（分析纯）：天津市永大化学试剂有限公司；乙醚（分析纯）：莱阳经济技术开发区精细化工厂；吐温-80（分析纯）：天津市光复精细化工研究所；伊红美兰琼脂（生化试剂）：北京双旋微生物培养基制品厂。

9.1.2 仪器与设备

MLS-3780高压蒸汽灭菌器：日本三洋电机株式会社；GL224I-1SCN电子天平：赛多利斯科学仪器（北京）有限公司；YJ-VS-2双人垂直超净工作台：无锡一净净化设备有限公司；HH-W420数显恒温水箱、HT113ATC糖度计：常州市江南实验仪器厂；MJ-250-1恒温培养箱：上海一恒科学仪器有限公司；HR/T20M台式高速冰冻离心机：湖南赫西仪器装备有限公司；CX21FS1显微镜：奥林巴斯；ZQZY-C8紫外分光光度计：上海知楚仪器有限公司。

9.1.3 方法

9.1.3.1 混合发酵菌剂的制备

（1）乳酸菌的活化。首先梯度稀释保加利亚乳杆菌、嗜热链球菌和乳双歧杆菌的菌种，在37℃条件下培养，进行3次接种纯化，并观察3种乳酸菌的菌落及细胞形态[117]。

（2）发酵菌剂制备。将纯化的菌种分别接入12mL/100mL的灭菌乳液中，于42℃条件下扩大培养3次至奶液凝固，在4℃冰箱中保存，3种乳酸菌按照1∶1∶1的比例混合（8.4×10^8CFU/mL）使用[118]。

9.1.3.2 桑黄风味酸奶制作工艺流程

桑黄发酵液、白砂糖、脱脂奶粉混合均匀→加水→搅拌溶解→灭菌（100℃、20min）→冷却（42℃）→接种发酵菌剂→发酵→冷却→冷藏（4℃、18h）→成品。

9.1.3.3 桑黄风味酸奶发酵条件优化单因素试验[119]

（1）桑黄发酵液添加量的影响。固定白砂糖添加量6g/100mL、奶粉添加量16g/100mL、发酵菌剂接种量5mL/100mL，在42℃条件下发酵4h，考察桑黄发酵液添加量（0mL/100mL、5mL/100mL、10mL/100mL、15mL/100mL、20mL/100mL、25mL/100mL、30mL/100mL）对桑黄风味酸奶感官评价和酸度的影响。

（2）奶粉添加量的影响。固定白砂糖添加量6g/100mL、桑黄发酵液添加量15mL/100mL、发酵菌剂接种量5mL/100mL，在42℃条件下发酵4h，考察奶粉添加量（14g/100mL、15g/100mL、16g/100mL、17g/100mL、18g/100mL）对桑黄风味酸奶感官评价和酸度的影响。

（3）白砂糖添加量的影响。固定奶粉添加量16g/100mL、桑黄发酵液添加量15mL/100mL、发酵菌剂接种量5mL/100mL，在42℃条件下发酵4h，考察白砂糖添加量（2g/100mL、4g/100mL、6g/100mL、8g/100mL、10g/100mL）对桑黄风味酸奶感观评价和酸度的影响。

（4）发酵菌剂接种量的影响。固定白砂糖添加量6g/100mL、奶粉添加量16g/100mL、桑黄发酵液添加量15mL/100mL，在42℃条件下发酵4h，考察发酵菌剂接种量（1mL/100mL、3mL/100mL、5mL/100mL、7mL/100mL、9mL/100mL）对桑黄风味酸奶感官评价和酸度的影响。

（5）发酵时间的影响。固定奶粉添加量16g/100mL、白砂糖添加量6g/100mL、发酵菌剂接种量5mL/100mL、桑黄发酵液添加量15mL/100mL，在42℃条件下分别发酵4h、5h、6h、7h、8h，考察发酵时间对桑黄风味酸奶感官评价和酸度的影响。

（6）发酵温度的影响。固定奶粉添加量16g/100mL、白砂糖添加量6g/100mL、发酵菌剂接种量5mL/100mL、桑黄发酵液添加量15mL/100mL，分别在38℃、40℃、42℃、44℃条件下发酵4h，考察发酵温度对桑黄风味酸奶感官评价和酸度的影响。

9.1.3.4 桑黄风味酸奶发酵条件优化正交试验

根据单因素试验结果，设计6因素3水平正交试验，以感官评分为考察指标优化桑黄风味酸奶的发酵条件，正交试验的因素与水平见表9-1。

表9-1 桑黄风味酸奶发酵条件优化正交试验因素与水平

水平	A桑黄发酵液添加量（mL/100mL）	B奶粉添加量（g/100mL）	C白砂糖添加量（g/100mL）	D发酵菌剂接种量（mL/100mL）	E发酵时间（h）	F发酵温度（℃）
1	15	16	6	4	4	40
2	20	17	7	5	5	41
3	25	18	8	6	6	42

9.1.3.5 测定方法

感官评价：选取10位具有感官评价经验的同学组成评价小组，根据感官评价标准[119-121]分别从组织形态、口感、色泽风味3个方面对桑黄风味酸奶进行评分，满分为100分，取10人的平均分。桑黄风味酸奶感官评价标准见表9-2。

表9-2 桑黄风味酸奶感官评价标准

项目分值	评价标准	感官评分（分）
组织形态（30分）	凝乳均匀细腻无杂质，无气泡，稠度好，无乳清析出	20~30
	凝乳均匀，表面较光滑，有少量乳清析出	10~19
	凝乳均匀度差，不成形，有气泡，有大量乳清析出	0~9
口感（40分）	口感细腻柔和，酸甜适中，桑黄味道适中	30~40
	口感细腻，但既不酸也不甜，桑黄味道一般	15~29
	口感粗糙，过酸或过甜，无桑黄味道或过重	0~14
色泽风味（30分）	色泽鲜亮，有良好的桑黄及酸奶的香气	20~30
	有色泽，有桑黄及酸奶的香气	10~19
	无色泽或色泽不均匀，无香气，有其他异味	0~9

酸度：参照文献[120]的NaOH标准溶液滴定法测定；

糖度：使用HT113ATC糖度计测定[121]；

持水力：参照文献[122]的离心称质量法测定；

总固形物：参照文献[123]的质量法测定；

蛋白质：参照文献[124]的考马斯亮蓝法测定；

脂肪：参照文献[125]的碱水解法测定；

乳酸菌数：参照文献[126]的血球计数板计数法测定；

大肠杆菌：参照文献[127]的伊红美兰平板计数法测定；

金黄色葡萄球菌：参照文献[128]的BP平板计数法测定。

1，1-二苯基-2-三硝基苯肼（DPPH）自由基清除率：参照文献[129]的方法测定。

9.2 结果与分析

9.2.1 桑黄风味酸奶发酵条件优化单因素试验

9.2.1.1 桑黄发酵液添加量对桑黄风味酸奶品质的影响

由图9-1可知，随着桑黄发酵液添加量的增加，桑黄风味酸奶的感官评分呈先上升后下降的趋势，酸度呈上升的趋势。桑黄发酵液添加量<20mL/100mL时桑黄风味不明显；桑黄发酵液添加量为20mL/100mL时，酸奶既有独特的桑黄香味又具有浓郁的酸奶风味，感官评分最高为83.2分，酸度为86°T；此后感官评分下降，桑黄发酵液添加量>30mL/100mL时酸奶较粗糙，过于黏稠，且桑黄味过重，影响口感。因此，选择桑黄发酵液添加量为20mL/100mL比较适宜。

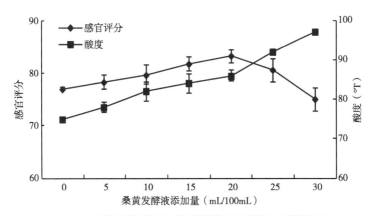

图9-1 桑黄发酵液添加量对桑黄风味酸奶品质的影响

9.2.1.2 奶粉添加量对桑黄风味酸奶的影响

由图9-2可知，随奶粉添加量的增加，桑黄风味酸奶的感官评分呈先上升后下降的趋势，酸度则呈上升趋势。奶粉添加量<17g/100mL时凝乳不均匀，有气泡，有乳清析出，口感较差；奶粉添加量为17g/100mL时，酸奶风味浓郁，质地均匀，口感好，感官评分最高为86.5分，酸度为85°T；奶粉添

加量>17g/100mL时，酸奶口感粗糙，色泽不均匀，无桑黄味道。因此，选择奶粉添加量为17g/100mL比较适宜。

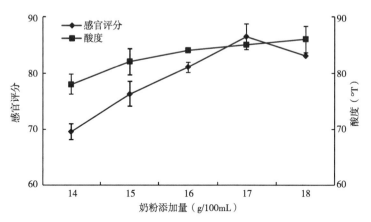

图9-2 奶粉添加量对桑黄风味酸奶品质的影响

9.2.1.3 白砂糖添加量对桑黄风味酸奶的影响

由图9-3可知，随白砂糖添加量的增加，桑黄风味酸奶的感官评分呈先上升后下降的趋势，酸度则呈缓慢上升趋势。白砂糖添加量<6g/100mL时，酸奶口感过酸，桑黄味道过重，有少量乳清析出；白砂糖添加量为6g/100mL时，酸奶风味口感适中，色泽鲜亮，有良好的桑黄及酸奶的香气，无乳清析出，感官评分最高为82.6分，酸度为84°T；白砂糖添加量>6g/100mL时，酸奶口感过甜且粗糙，无桑黄味道，凝乳差，有大量乳清析出。因此，选择白砂糖添加量为6g/100mL比较适宜。

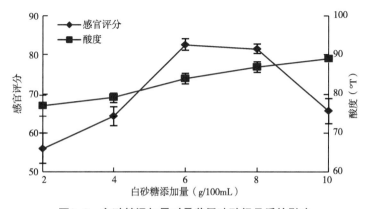

图9-3 白砂糖添加量对桑黄风味酸奶品质的影响

9.2.1.4 发酵菌剂接种量对桑黄风味酸奶的影响

由图9-4可知，随发酵菌剂添加量增加，桑黄风味酸奶的感官评分呈先上升后下降的趋势，酸度随着发酵菌剂接种量的增加而上升。发酵菌剂添加量<5mL/100mL时，酸奶凝乳差，不能成形，有大量乳清析出；发酵菌剂接种量在5mL/100mL左右比较适宜，此时酸奶凝固较好，酸甜适宜，口感最好，感官评分最高为83分，酸度为84°T；发酵菌剂接种量>5mL/100mL时，酸奶口感过酸，无桑黄味道。因此，选择发酵菌剂接种量为5mL/100mL比较适宜。

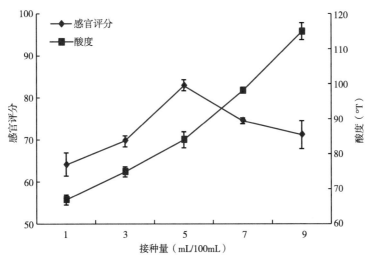

图9-4　发酵菌剂接种量对桑黄风味酸奶品质的影响

9.2.1.5 发酵时间对桑黄风味酸奶的影响

由图9-5可知，随发酵时间不断延长，桑黄风味酸奶的感官评分呈先上升后下降趋势，而酸度则随发酵时间增加而上升。发酵时间<5h时酸奶凝固较差，不成形，无色泽，口感较甜；发酵时间在5h左右比较适宜，此条件下，酸奶凝固好，口感细腻，酸甜适中，有桑黄及酸奶的香气，感官评分最高为86.4分，酸度为89°T；此后感官评分下降，发酵时间>5h时酸奶较粗糙，过于黏稠，有少量乳清析出，表面无光泽，酸奶过酸，影响口感。因此，选择发酵时间为5h比较适宜。

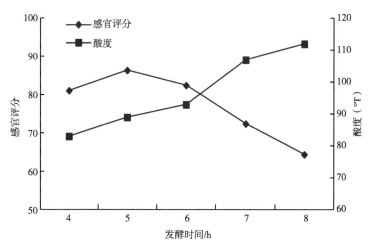

图9-5　发酵时间对桑黄风味酸奶品质的影响

9.2.1.6　发酵温度对桑黄风味酸奶的影响

由图9-6可知，随发酵温度升高，桑黄风味酸奶的感官评分呈先上升后下降趋势，而酸度则不断上升。发酵温度<42℃时酸奶凝固较差，不成形，有大量乳清析出，口感较甜；发酵温度在42℃左右比较适宜，此条件下，酸奶酸度、黏稠度适宜，口感好，有桑黄及酸奶的香气，感官评分最高为82.4分，酸度为85°T；发酵温度>42℃时酸奶较粗糙，表面无光泽，有少量乳清析出，酸奶过酸，口感差。因此，选择发酵温度为42℃比较适宜。

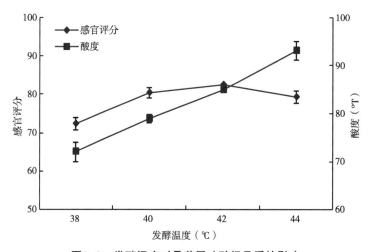

图9-6　发酵温度对桑黄风味酸奶品质的影响

9.2.2 桑黄风味酸奶发酵条件优化正交试验

桑黄风味酸奶发酵条件优化正交试验见表9-3。

表9-3 桑黄风味酸奶发酵条件优化正交试验结果与分析

试验号	A	B	C	D	E	F	感官评分（分）
1	1	1	1	1	1	1	75.6
2	1	2	2	2	2	2	85.4
3	1	3	3	3	3	3	80.2
4	1	1	3	3	2	2	74.8
5	1	2	1	1	3	3	81.2
6	1	3	2	2	1	1	84.6
7	2	1	1	2	2	3	83.6
8	2	2	2	3	3	1	76.6
9	2	3	3	1	1	2	72.4
10	2	1	2	3	1	3	77.3
11	2	2	3	1	2	1	82.7
12	2	3	1	2	3	2	73.5
13	3	1	2	1	3	2	84.2
14	3	2	3	2	1	3	82.9
15	3	3	1	3	2	1	80.1
16	3	1	3	2	3	1	76.2
17	3	2	1	3	1	2	74.8
18	3	3	2	1	2	3	78.5
K_1	481.8	472.0	468.8	474.6	467.6	475.8	
K_2	466.1	483.6	486.6	486.2	485.1	465.1	
K_3	476.7	469.3	469.2	463.8	471.9	483.7	
k_1	80.30	78.67	78.13	79.10	77.93	79.30	
k_2	77.68	80.60	81.10	81.03	80.85	77.52	
k_3	79.45	78.22	78.20	77.30	78.65	80.62	
R	2.62	2.38	2.97	3.73	2.92	3.1	
最优水平	A_1	B_2	C_2	D_2	E_2	F_3	
主次因素	D>F>C>E>A>B						

由表9-3可知，影响桑黄风味酸奶品质的因素及其影响程度依次为发酵菌剂接种量>发酵温度>白砂糖添加量>发酵时间>桑黄发酵液添加量>奶粉添加量。桑黄风味酸奶的最佳发酵条件为$A_1B_2C_2D_2E_2F_3$，即桑黄发酵液添加量15mL/100mL、白砂糖添加量7g/100mL、奶粉添加量17g/100mL、发酵菌剂接种量5mL/100mL，在42℃条件下培养5h。在此条件下，桑黄风味酸奶的感官评分为92.2分。

9.2.3　桑黄风味酸奶产品指标

在最佳条件下发酵得到的桑黄风味酸奶色泽鲜亮，凝固均匀无杂质，没有乳清析出；口感细腻爽口，兼有桑黄特有的甘味和牛乳特有的奶香味，酸甜适中，没有异味；感官评分为92.2分，酸度为85°T，糖度为8.2%，持水力为79.54%，总固形物含量为20.65g/100g，蛋白质含量为1.86g/100g，脂肪含量为0.6g/100g。

桑黄风味酸奶乳酸菌数为2.2×10^9CFU/mL，未检出大肠菌群、金黄色葡萄球菌；对DPPH自由基清除率为46%。

9.3　结论

本试验将桑黄发酵液加入奶粉中共同发酵，制成具有桑黄口感的桑黄风味酸奶。通过单因素及正交试验得到桑黄风味酸奶的最佳发酵工艺条件为奶粉添加量17g/100mL、桑黄发酵液添加量15mL/100mL、白砂糖添加量7g/100mL、混合发酵菌剂接种量5mL/100mL，于42℃条件下发酵5h，得到的桑黄风味酸奶色泽鲜亮，凝固均匀无杂质，没有乳清析出；口感细腻爽口，兼有桑黄特有的甘味和牛乳特有的奶香味，酸甜适中，没有异味。感官评分为92.2分，酸度为85°T。

10   总结

一是通过一系列的研究，对桑黄3种活性物质（多糖、黄酮、三萜）的产生机制有了比较深入的认识，总结出3种物质的产生规律及发酵时间点，总结出产生3种活性物质时多种活性酶的变化规律（授权一项发明专利：2018.6.29一种桑黄工厂化液体发酵过程中酶活规律的测定方法ZL201611198721.3）。经过GC-MS和LC-MS的跟踪检测，发现了桑黄发酵过程中9种黄酮的变化规律，以及固体菌丝体内167种代谢物和培养液里151种代谢物的变化规律，对于精细利用桑黄的代谢产物提供了充足的理论基础。

二是对桑黄3种活性物质的组分进行了多种功能探索，研究发现：

①抑菌能力：DEAE-纤维素离子交换层析后浓度最大的4组糖，分别稀释为4个不同的浓度梯度（43.486 8μg/mL、28.486 8μg/mL、23.486 8μg/mL、13.486 8μg/mL）。中间浓度抑菌（28.486 8μg/mL）效果普遍较好，对大肠杆菌的抑菌圈为13mm、10.5mm、11mm、10mm（链霉素、青霉素、原糖的大肠杆菌抑菌圈分别为9.67mm、10.33mm、10.17mm），普遍超过了链霉素、青霉素和原糖的抑菌效果；对金黄色葡萄球菌的抑菌圈为10.25mm、10mm、10.25mm、11.25mm（链霉素、青霉素、原糖的金黄色葡萄球菌抑菌圈分别为11.17mm、9.50mm、9.90mm），普遍超过了青霉素和原糖的抑菌效果，个别（多糖组分10）超过了链霉素抑菌效果。为以后桑黄的基础研究和应用开发奠定基础。总体来看，糖组分的抑菌效果要高于原糖溶液，所以，纯化的桑黄多糖可以有效提高桑黄的抑菌效果（8mm滤纸片，10μL液体）。

AB-8大孔树脂层析出浓度最大的3组黄酮组分，用滤纸片法测定粗黄酮与纯化黄酮对大肠杆菌与金黄色葡萄球菌抑菌效果（浓度均调至0.07mg/mL）。同样浓度的3种纯化黄酮抑大肠杆菌效果（11.5mm、11.3mm、11.4mm）较大于粗黄酮（8.93mm）、链霉素（8.980 0mm）及青霉素（9.516 7mm）；同样浓度的3种纯化黄酮抑金黄色葡萄球菌效果（10.2mm、9.5mm、10mm）较大于粗黄酮（8.7mm）及链霉素（8.770 0mm），小于青霉素（15.583 4mm）。因此桑黄的黄酮具有明显的抑菌效果，纯化黄酮单独作用抑菌效果大于粗黄酮组分共同作用的抑菌效果（8mm滤纸片，10μL液体）。

AB-8大孔树脂层析分离纯化出浓度最大的3组三萜组分（调至0.844 8mg/mL）抑制大肠杆菌的抑菌圈直径大小分别为12.6mm、13.4mm、13.0mm；抑制金黄色葡萄球菌的抑菌圈直径大小分别为11.8mm、12.0mm、12.4mm，没有分离纯化的三萜粗提液抑制大肠杆菌和金黄色葡萄球菌的抑菌圈的直径大小分别为8.0mm和8.0mm。因此分离纯化后的3个三萜组分比没有分离纯化的三萜粗提液的抑菌效果要显著（8mm滤纸片，10μL液体）。

②抗氧化性能：桑黄3种活性物质都有较强的抗氧化性，比较而言，总还原能力，多糖最显著，三萜次之，黄酮最弱。

清除·O_2^-自由基能力，三萜最显著，多糖次之，黄酮最弱。

清除DPPH自由基能力，多糖最显著，三萜次之，黄酮最弱。

三是在桑黄的综合研发利用方面，做了几个方面的有益探索。

①培养基的优化：优化出适宜多糖、黄酮、三萜类化合物高产的培养基。

②菌种的选育：选育出一株杂交菌株和一株诱变菌株

③发酵罐生产：进行扩大生产，生产出产品，主要有桑黄菌粉、多糖、黄酮和三萜类化合物。

④桑黄风味酸奶制作：优化桑黄风味酸奶发酵条件，制作出桑黄风味酸奶。

参考文献

［1］ 许谦. 桑黄菌原生质体的高效分离探究[J]. 核农学报，2014，28
（11）：1993-2000.

［2］ 胡启明. 桑黄菌丝体多糖的分离纯化、结构鉴定及生物活性研究[D].
武汉：华中农业大学，2013：51-52.

［3］ KIM G Y，PARK S K，LEE M K，et al. Proteoglycan isolated from
Phellinus linteus activates murine B lymphocytes via protein kinase C
and protein tyrosin kinase[J]. International Immunopharmacology，2003
（3）：1281-1292.

［4］ IKEKAWA T，NAKANISHI M，UEHARA N，et al. Antitumor action of
some basidiomycetes，especially *Phellinus linteus*[J]. Gann，1968，59
（2）：155-157.

［5］ 张敏，纪晓光，贝祝春，等. 桑黄多糖抗肿瘤作用[J]. 中药药理与临
床，2006（Z1）：56-58.

［6］ WEI D，LI N，LU W D，et al. Tumor-inhibitory and liver-protective
effects of *Phellinus igniarius* extracellular polysaccharides[J]. World
Journal of Microbiology & Biotechnology，2009，25（4）：633-638.

［7］ 陈启桢. 桑黄固体栽培及其生物活性物质在保健食品的应用潜力[J]. 食
品生计，2009（18）：41-49.

［8］ PATEL S，GOYAL A. Recent developments in mushrooms as anti-cancer
therapeutics：a review[J]. Biotech，2012，2（1）：1-15.

［9］ 曾念开. "桑黄" 的鉴定、人工培养及优良菌株的选育[D]. 北京：中
国协和医科大学，2007.

［10］ 齐欣. 珍稀药用真菌——桑黄[M]. 天津：天津科技翻译出版公司，
2009.

［11］ 戴玉成. 药用担子菌鲍氏层孔菌（桑黄）的新认识[J]. 中草药，2003，34（1）：942-951.

［12］ 宋力，孙培龙，郭彬彬，等. 桑黄的研究进展[J]. 中国食用菌，2000，24（3）：7-10.

［13］ HUR J M, YANG C H, HAN S H, et al. Antibacterial effect of *Phellinus linteus* again stmethicillin-resistants taphylococcus aureus[J]. Fitoterapia, 2004, 75（6）：603-605.

［14］ AJITH T A, JANARDHANAN K K. Cytotoxic and an titum or activities of a polypore macrofungus, *Phellinus rimosus*（Berk）Pilat[J]. Journal of Ethnopharmacology, 2003, 84（2）：157.

［15］ KIM H M, HAN S B, OH G T, et al. Stimulation of humoral and cell mediated immunity by polysaccharide from mushroom *Phellinus linteus*[J]. Int J Immunopharmacol, 1996, 18：295-304.

［16］ HAN S B, LEE C W, JEON Y J, et al. The inhibitory effect of polysaccharides isolated from *Phellinus linteus* on tumor growth and metastasis[J]. Immunopharmacology, 1999, 41：157-164.

［17］ LI G, KIM D, KIM T, et al. Protein-bound polysaccharide from *Phellinus linteus* induces 2/M phase arrest and apoptosis in SW480 human colon cancer cells[J]. Cancer Lett, 2004, 216：75-181.

［18］ WANG M, LIU S, LI Y, ET AL.. Protoplast mutation and genome shuffling induce the endophytic fungus Tubercularia sp. TF5 to produce new compounds [J]. Current Microbiology, 2010, 61（4）：254-260.

［19］ SLIVA D, KAWASAKI J, STANLEY G, et al. *Phellinus linteus* inhibits growth and invasive behavior of breast cancer cells through the suppression of Akt signaling[J]. FASEB J, 2006, 20：559-560.

［20］ MORADALI M F, MOSTAFAVI H, GHODS S, et al. Immunonodulating and anticancer agents in the realm of macromycetes fungi（macrofungi）[J]. Int Immunopharmacol, 2007, 7：701-724.

［21］ LEE S, KIM J I, HEO J, et al. The anti-influenza virus effect of *Phellinus igniarius* extract[J]. Journal of Microbiology, 2013, 51（5）：

676-681.

［22］ XIAO J H, CHEN D X, WAN W H, et al. Enhanced simultaneous production of mycelia and intracellular polysaccharide in submerged cultivation of *Cordyceps jiangxiensis* using desirability functions[J]. Process Biochemistry, 2006, 41: 1887-1893.

［23］ 赵子高, 杨焱, 刘艳芳, 等. 桑黄黄酮高产菌株深层发酵条件的优化 [J]. 中国酿造, 2007（9）: 22-25.

［24］ 王英辉, 许泓瑜, 敖宗华, 等. 桑黄发酵菌粉与桑黄子实体成分分析 比较[J]. 食品与发酵工业, 2008, 34（2）: 126-129.

［25］ 雷萍, 张文隽, 吴亚召, 等. 桑树桑黄子实体和发酵菌粉有效成分分 析[J]. 中国食用菌, 2010, 29（4）: 40-42.

［26］ IKEKAWA T, NAKANISHI M, VEHARA N, et al. Antitumor action of some basidiomycetes, especially *Phellinus linteus*[J]. Gann, 1986, 59 （9）: 155-157.

［27］ ZHOU C, JIANG S S, WANG C Y, et al. Different immunology mechanisms of *Phellinus igniarius* in inhibiting growth of liver cancer and melanoma cells[J]. Asian Pac J Cancer Prev, 2014, 15（8）: 3659-3965.

［28］ 许谦. 桑黄菌丝体黄酮液体发酵培养基的优化[J]. 食品与机械, 2015, 31（1）: 190-193.

［29］ 刘凡, 庞道睿, 沈维治, 等. 有利于桑黄胞内黄酮的液体发酵培养基 的配方优化[J]. 蚕业科学, 2013, 39（6）: 1160-1165.

［30］ XU Q. Optimizing of liquid medium formula about medicinal fungus *Phellinus igniarius*[J]. Journal of Microbiology, 2015, 35（4）: 29-34.

［31］ WANG Z H, WU Z W, ZHAO X F. Nutrients' influence on *Phellinus igniarius* mycelium biomass and exocellular polysaccharide yield[J]. Chinese Wild Plant Res, 2009, 28（1）: 37-41.

［32］ 许谦. 生产桑黄三萜类化合物液体发酵培养基的优化[J]. 中药材, 2016, 39（12）: 2836-2838.

［33］ 许谦. 桑黄液体培养胞外酶产生及变化规律的研究[J]. 安徽农业科学, 2013, 41（35）: 13472-13473, 13509.

[34] 许谦. 桑黄菌丝多糖的提取及多糖成分分析[J]. 湖北农业科学，2014，53（18）：4405-4407，4410.

[35] 金志华，金庆超. 工业微生物育种学[M]. 北京：化学工业出版社，2021：115.

[36] 诸葛健. 工业微生物育种[M]. 北京：化学工业出版社，2006：87-88.

[37] 田泱源，李瑞芳. 响应面法在生物过程优化中的应用[J]. 食品工程，2010（2）：8-11.

[38] 郭成金，赵润，朱文碧. 冬虫夏草与蛹虫草原生质体融合初探[J]. 食品科学，2010，31（1）：165-171.

[39] 许谦. 药用真菌桑黄原生质体的制备和诱变[J]. 中国食用菌，2016，35（4）：67-71，76.

[40] 杨焱. 桑黄多糖的分离纯化、结构鉴定和生物活性的研究[D]. 无锡：江南大学，2007：16-17.

[41] 宋铂. 桑黄黄酮的提取制备与生物活性初步研究[D]. 上海：上海水产大学，2006：19-20.

[42] 刘进，许谦，贾世杰，等. 桑黄扩大培养活性成分变化规律[J]. 中国食用菌，2022，41（2）：34-42.

[43] 骆婷. 桑黄的生物学特性及其发酵培养条件的优化[D]. 合肥：安徽农业大学，2009：84-86.

[44] 司波，赵佳. 离子交换层析技术在多糖分离纯化中的应用[J]. 科技风，2009（18）：203.

[45] 廖尊胜. 桑黄菌质多糖的分离纯化及降血糖作用的研究[D]. 福州：福建农业大学，2013：30-32.

[46] 张蕾，李梅香，吴秀玲，等. AB-8树脂分离纯化荷叶总黄酮的研究[J]. 食品研究与开发，2014，35（10）：42-46.

[47] 王珊珊，吴春. AB-8大孔树脂对芫荽黄酮的纯化工艺研究[J]. 哈尔滨商业大学学报，2014，30（1）：34.

[48] 胡金霞，杨焱，张劲松，等. 大孔吸附树脂纯化桑黄黄酮的研究[J]. 食品工业，2008（8）：3-5.

[49] 陈晶，李琪，黄春萍，等. 枇杷花总黄酮、总三萜的大孔树脂制备工

艺[J].食品科学,2015,36(18):58-63.

［50］ 胡涛,黄美,刘萍.大孔吸附树脂分离纯化桦褐孔菌三萜工艺研究[J].食品科技,2012,37(4):206-210.

［51］ KIM G Y, PARK H S, NAM B H. Purification and characterization of acidic proteo-heteroglycan from the fruiting body of *Phellinus linteus*（Berk. & M. A. Curtis）Teng[J]. Bioresource Technology,2003,89（1）:81-86.

［52］ 刘晓涵,陈永刚,林励,等.蒽酮—硫酸法与苯酚—硫酸法测定枸杞中多糖含量的比较[J].食品科技,2009,34(4):270-272.

［53］ 秦俊哲,刘华.桑黄子实体多糖工艺及单糖组成研究[J].中国食用菌,2008,27(6):43-45.

［54］ 游庆红,尹秀莲.响应面法优化桑黄多糖提取工艺研究[J].中国酿造,2010(5):67-69.

［55］ 尹秀莲,游庆红.超声辅助复合酶法提取桑黄多糖[J].食品与机械,2011(4):58-60.

［56］ 许谦,周文欣,王冲,等.桑黄活性物质研究现状[J].中国食用菌,2019,38(2):1-6.

［57］ 王华林,温万芬.桑黄的药用价值研究进展[J].时珍国医国药,2015,26(11):2747-2750.

［58］ 涂成荣,张和禹,范涛.桑黄的人工栽培与应用研究进展[J].北方蚕业,2018,39(2):9-13.

［59］ 钱骅,赵伯涛,陈斌,等.桑黄子实体多糖、黄酮和多酚含量与抗氧化活性相关性[J].食品工业科技,2015,12(36):104-108.

［60］ 丁云云,刘锋,施超,等.桑黄化学成分及体外抗肿瘤活性研究[J].中国中药杂志,2016,41(16):3042-3048.

［61］ 李志涛,朱会霞,孙金旭,等.桑黄菌丝体多糖的提取及其免疫活性研究[J].食品研究与开发,2018,39(20):35-38.

［62］ 李月英,杨小明,刘恋,等.桑黄菌丝体多糖的提取及其抗氧化研究[J].食品研究与开发,2016,37(7):243-267.

［63］ 刘凡,庞道睿,游庭活,等.桑黄液体发酵菌丝体提取物抑菌活性研

究[J]. 广东农业科学，2013（18）：69-72.

［64］ 韩东岐，吴海涛，王铁杰，等. 桑黄纤孔菌发酵液化学成分的研究[J]. 中成药，2018，40（1）：126-129.

［65］ 邹湘月，李飞鸣，邵元元，等. 桑枝水提物对桑黄液体发酵的影响及桑黄液体发酵条件的优化研究[J]. 中国蚕业，2016，37（148）：17-20.

［66］ 彭真福，陈庆发，白永亮，等. 桑黄残渣黄酮提取工艺研究[J]. 农产品加工，2014（12）：28-35.

［67］ 刘凡，庞道睿，邹宇晓，等. 桑黄总黄酮含量及其体外抗氧化活性研究[J]. 中国食用菌，2014，33（2）：47-49，56.

［68］ 史帧婷，包海鹰. 桑黄多糖提取工艺研究进展[J]. 北方园艺，2017（1）：191-195.

［69］ 牟珍珍，王明芳，高雯雯，等. 桑黄总多糖的提取及其单糖组分分析[J]. 中国实验方剂学杂志，2014，20（18）：13-16.

［70］ 李乐，马瑶，李亭亭，等. 低温低压法提取菌丝体活性多糖[J]. 食品研究与开发，2016，37（8）：49-53.

［71］ 李兆坤，王凤寰，陈斌，等. 大型真菌萜类化合物活性物质研究进展[J]. 天然产物研究与开发，2017，29（2）：357-369.

［72］ 陈芳玲，楼雅楠，孔祥倩，等. 三萜类化合物抗肿瘤及其作用机制的研究进展[J]. 中医药导班，2018，24（17）：45-49.

［73］ 杨树江，高亮，陈迪勇，等. 灵芝中三萜类化合物的快速检测[J]. 广东化工，2018，45（13）：64-65.

［74］ 张林芳，邹莉，孙婷婷. 大孔树脂分离纯化桑黄总三萜的研究[J]. 中华中医药杂志，2016，31（4）：1486-1489.

［75］ 李波，芦菲. 多糖的甲基化方法及图谱解析[J]. 天然产物研究与开发，2012，24（1）：79-83.

［76］ 刘芳，陈贵堂，胡秋辉. 金针菇锌多糖分离纯化及其结构特征[J]. 食品科学，2014，35（5）：1-7.

［77］ 黄静涵，艾斯卡尔·艾拉提，等. 灵芝多糖的分离纯化及结构鉴定[J]. 食品科学，2011，32（12）：301-304.

［78］ QIAO D L，LIU J，KE C L，et al. Structural characterization of

polysaccharides from *Hyriopsis cumingii*[J]. Carbohydr Polym，2010，82
（4）：1184-1190.

［79］ 魏静，李金凤，丁兴红，等. 桑黄菌丝体多糖的分离纯化及其结构表
征[J]. 时珍国医国药，2017，28（3）：587-590.

［80］ 何培新，吴双双，郑凯，等. 杨树桑黄胞外多糖的分子结构及抗氧化
活性[J]. 食品与生物技术学报，2018，37（9）：939-947.

［81］ 刘燕琳，刘海燕，常金，等. 桑黄多糖对肉瘤S180细胞体内外的抑瘤
作用[J]. 中国药房，2017，28（22）：3069-3071.

［82］ 李有贵，钟石，计东风. 野生与人工栽培桑黄子实体中的粗多糖和粗
酚含量及药用活性比较[J]. 蚕业科学，2016，42（5）：883-891.

［83］ 程建安，俞忠明. 桑黄水煎液对ICR小鼠体内抗炎作用的实验研究[J].
浙江中医杂志，2016，51（5）：342-343.

［84］ 郑飞，孟歌，安琪，等. 药用真菌桑黄液体培养过程中的抗氧化活性
研究[J]. 菌物学报，2017，36（1）：98 - 111.

［85］ 应瑞峰，黄梅桂，王耀松，等. 桑黄子实体与桑黄菌丝多糖抗氧化活
性研究[J]. 食品研究与开发，2017，38（21）：1-5.

［86］ 沈雪梅，王荣庆，王雪梅，等. 桑黄提取物体外美容功效研究[J]. 日用
化学工业，2016，46（9）：519-523.

［87］ 周洪英，孙波，吴洪丽，等. 桑黄的类型、功用及开发利用[J]. 北方蚕
业，2014，35（4）：4-8.

［88］ 朱琳，崔宝凯. 药用真菌桑黄的研究进展[J]. 菌物研究，2016，14
（4）：201-209.

［89］ 丁兴红，温成平，丁志山，等. 低能离子射线诱变桑黄菌株SH009的
初步研究[J]. 食用菌学报，2010，17（2）：15-18.

［90］ 祝子坪，李娜，曲文娟，等. 桑黄菌原生质体诱变及发酵菌株选育[J].
食品科学，2008，29（11）：473-476.

［91］ 陈敏，姚善泾. 原生质体复合诱变选育刺芹侧耳木质素降解酶高产菌
株[J]. 高校化学工程学报，2010，24（3）：462-467.

［92］ 李恒，吴燕，魏利莎，等. 原生质体诱变提高亚麻刺盘孢ST对底物
DHEA的耐受性和转化率[J]. 化工进展，2014，33（9）：2415-2420.

［93］ 梅凡，江义，赵超，等.漆酶高产菌株的筛选及诱变育种[J].贵州农业科学，2014，42（2）：128-131.

［94］ 宋细忠，龚伯梁，徐长豪，等.蝙蝠蛾拟青霉原生质体紫外诱变育种[J].食用菌学报，2010，17（4）：15-17.

［95］ HOU X，YAO S. Improved inhibitor tolerance in xylose -fer menting yeast *Spathaspora passalidarum* by mutagenesis and protoplast fusion[J]. Appllied Microbiology Biotechnology，2012，93（6）：2591-2601.

［96］ 刘新星，李萍，赵小峰，等.常规诱变结合高通量筛选选育可利霉素高产菌株[J].微生物学报，2013，53（7）：758-765.

［97］ EL-BONDKLY A M. Molecular identification using ITS sequences and genome shuffling to improve 2-deoxyglucose tolerance and xylanase activity of marine-derived fungus，*Aspergillus* sp. NRCF5[J]. Applied Biochemistry Biotechnol ogy，2012，167（8）：2160-2173.

［98］ 朱蕴兰，陈安徽，王陶，等.冬虫夏草原生质体诱变育种研究[J].食品科学，2010，3（5）：256-260.

［99］ 吴强，胡宝坤.原生质体紫外诱变选育莲花菌深层发酵多糖高产菌株[J].食用菌，2014（5）：20-21.

［100］陈建中.基因组重排技术在草菇耐低温菌株选育上的应用[D].上海：上海海洋大学，2013：29.

［101］刘海英，张运峰，范永山，等.紫外线对杏鲍菇原生质体的诱变作用[J].核农学报，2011，25（4）：719-723.

［102］赵春苗，徐春厚.原生质体融合技术及在微生物育种中的应用[J].中国微生态学杂志，2014，24（4）：357-360.

［103］戴水莲，林警，高丽.PDA培养基中加入青霉素、链霉素的抗菌作用试验简报[J].中国食用菌，2007，26（4）：53-54.

［104］周璇，牛世全，郑豆豆，等.敦煌地区产胞外多糖菌株的筛选鉴定及其发酵条件研究[J].生物学通报，2019，54（5）：44-49.

［105］杜睿绮，王芯蕾，许谦.桑黄扩大培养过程中黄酮产量变化研究[J].安徽农业科学，2017，45（29）：109-111.

［106］姚强，宫志远，单洪涛，等.一种提高桑黄总三萜类化合物产量的方

法：CN102628064A[P]. 2012-08-08.

［107］傅海庆，周阳，傅华英. 药用真菌桑黄的液体发酵培养基的配方优化筛选研究[J]. 江西农业大学学报，2012，34（5）：1039-1042.

［108］李凤林，李青旺，高大威，等. 天然黄酮类化合物含量测定方法研究进展[J]. 江苏调味副食品，2008，25（4）：8-13.

［109］赵子高，杨焱，唐庆九，等. 桑黄黄酮高产菌株筛选及菌丝体提取物生物活性研究[J]. 食品与发酵工业，2007，33（8）：86-88.

［110］张龙翔. 生化实验方法和技术[M]. 北京：人民教育出版社，1983：9-11，371-375.

［111］谢丽源，邓科君，张勇，等. 桑黄深层发酵胞外酶活性的测定与分析[N]. 食品工业科技，2010（7）：183-186.

［112］SHON Y H, NAM K S. Antimutagenicity and induction of anticarcinogenis phase Ⅱ enzymes by basidiomycetes[J]. Journal of Ethnopharmacology, 2001, 77（1）: 103-109.

［113］初洋，倪新江，杨桂文，等. 姬菇和鲍鱼菇生长期间8种胞外酶活性变化比较[J]. 烟台大学学报（自然科学与工程版），2008，21（2）：138-141.

［114］秦俊哲，帅斌. 桑黄液体培养中胞外酶活力变化的研究[J]. 陕西科技大学学报，2009，27（3）：72-75.

［115］李翠翠，尉玉晓，郭立忠. 桑黄液体发酵培养基优化的初步研究[J]. 中国食用菌，2009，28（2）：46-48.

［116］李雪，张慧敏，许谦，等. 桑黄风味酸奶发酵工艺优化[J]. 中国酿造，2022，41（5）：194-198.

［117］马钢，曾泽新，苑伍申. 酸奶及其饮料用发酵剂选择技术[J]. 食品工业科技，1993（5）：28-30，20.

［118］李子叶. 不同酸奶发酵剂的发酵性能及其产品功能活性的研究[D]. 哈尔滨：东北农业大学，2019.

［119］畅阳. 金针菇酸奶的研制[J]. 现代食品，2017（16）：109-113.

［120］赖盈盈，周鲜娇. 葛根酸奶制作工艺及抗氧化性研究[J]. 中国酿造，2020，39（2）：152-157.

［121］薛依婷，白红霞，李明杰，等. 黑木耳多糖凝固型酸奶发酵工艺优化 [J]. 食品工业科技，2020，41（16）：156-162.

［122］HASSAN A N, FRANK J F, SCHMIDT K A, et al. Textural properties of yogurt made with encapsulated nonropy lactic cultures[J]. J Dairy Sci, 1996, 79（12）：2098-2103.

［123］梁宝东，魏海香，徐坤，等. 香菇菌丝体酸奶生产工艺的研究[J]. 食品科技，2012，37（2）：129-132.

［124］李靖. 灵芝白灵菇酸奶的研制及发酵液组分对酸奶品质的影响[D]. 泰安：山东农业大学，2012.

［125］晏凯，刘晓彤，刘悦，等. 碱水解法测定乳及乳制品中脂肪的含量[J]. 食品安全质量检测学报，2020，11（1）：82-85.

［126］任大勇，曹婧，章检明，等. 6种乳酸菌计数方法的比较研究[J]. 农业机械，2012（18）：108-110.

［127］舒静，刘静，严烨，等. 食品中致病性大肠杆菌检测能力验证结果分析[J]. 食品安全导刊，2015（24）：63-64.

［128］中华人民共和国国家卫生和计划生育委员会，国家食品药品监督管理总局. GB 4789.10—2016 食品安全国家标准 食品微生物学检验 金黄色葡萄球菌检验[S]. 北京：中国标准出版社，2016.

［129］王丽娟. 桑叶提取物抑菌活性及抗氧化活性的研究[D]. 杭州：浙江工业大学，2012.

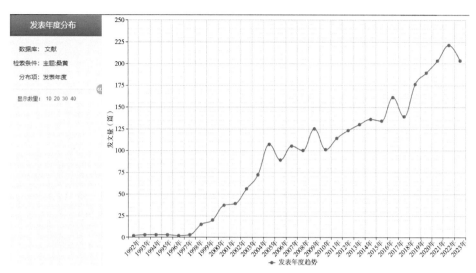

图1-1　桑黄文献发表趋势

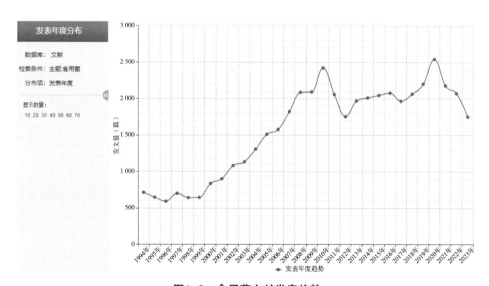

图1-2　食用菌文献发表趋势

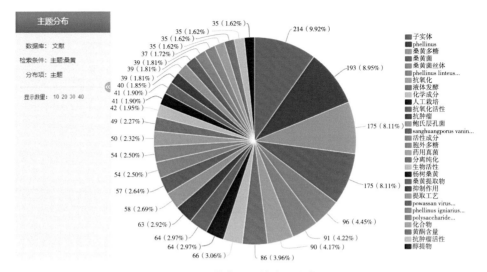

图1-3　桑黄文献的主题分布

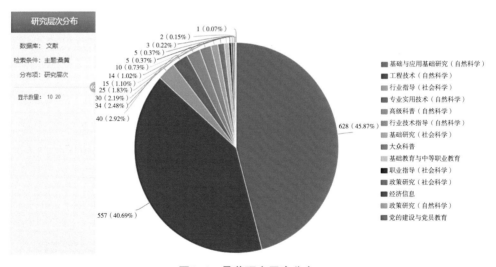

图1-4　桑黄研究层次分布

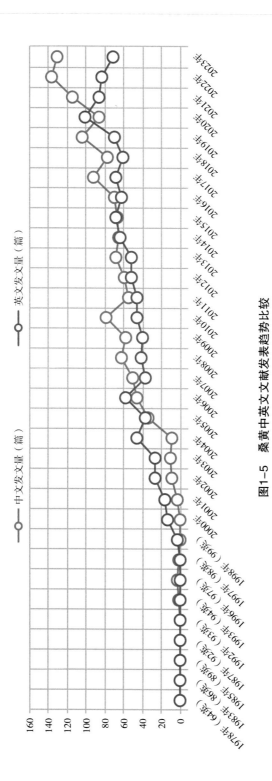

图1-5 桑黄中英文文献发表趋势比较

图2-1 桑黄试管斜面母种

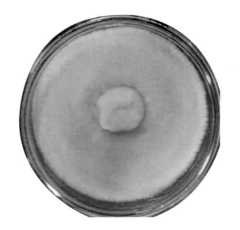

图2-2 桑黄平板母种

图2-3 桑黄原种

图2-4 桑黄栽培种

图2-5　全自动高压蒸汽灭菌锅

图2-6　恒温干燥箱

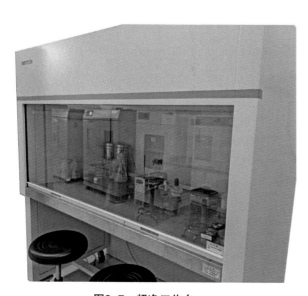

图2-7　超净工作台

图2-8　培养箱

图2-9　组合式振荡培养箱

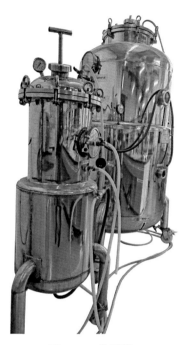

图2-10　发酵罐

图2-11　恒温恒湿空调机组

图2-12　超低温冷冻冰箱

图3-1　桑黄子实体正面

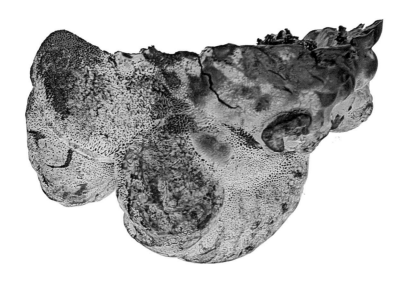

图3-2　桑黄子实体反面

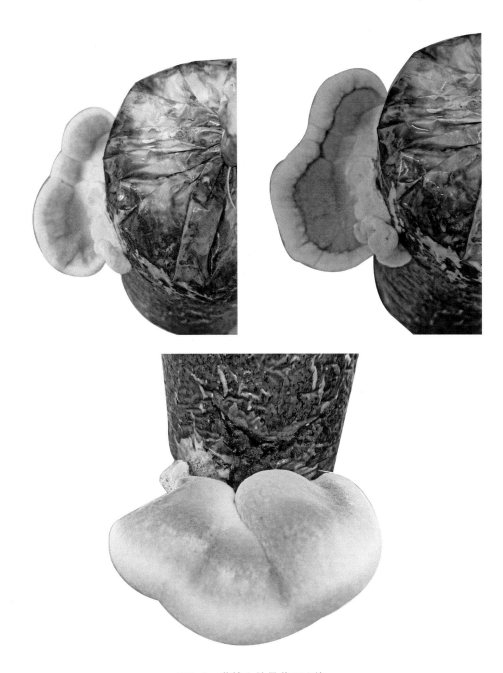

图3-3 菌棒上的桑黄子实体

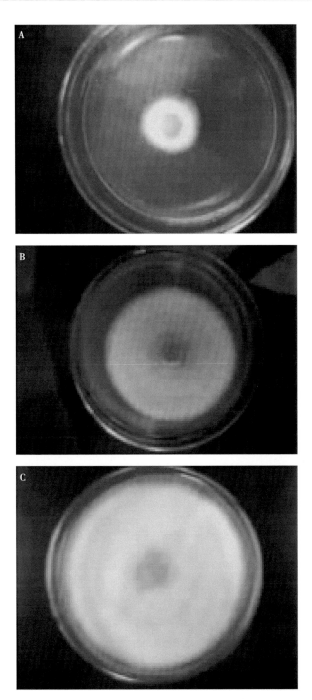

图7-1　桑黄在固体培养基中的生长情况

注：A：第5天；B：第10天；C：第15天。

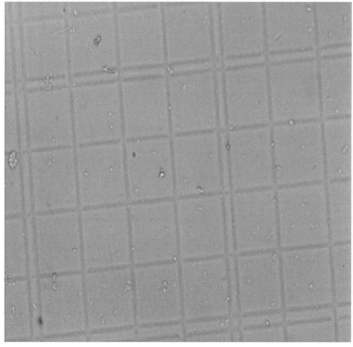

图7-8　桑黄原生质体

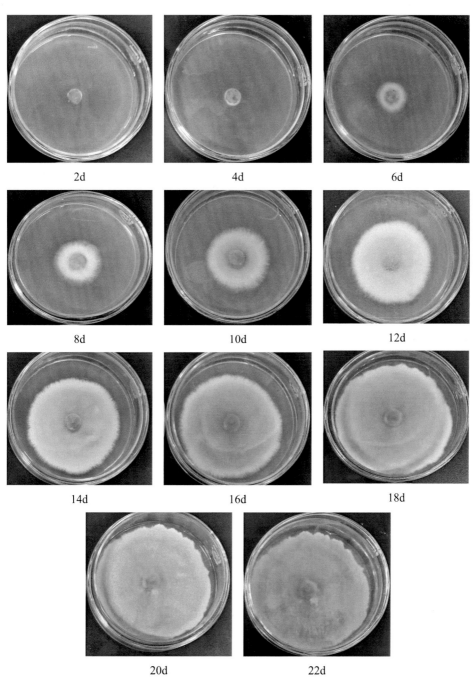

2d 4d 6d

8d 10d 12d

14d 16d 18d

20d 22d

图8-1 固体培养基上桑黄形态的变化

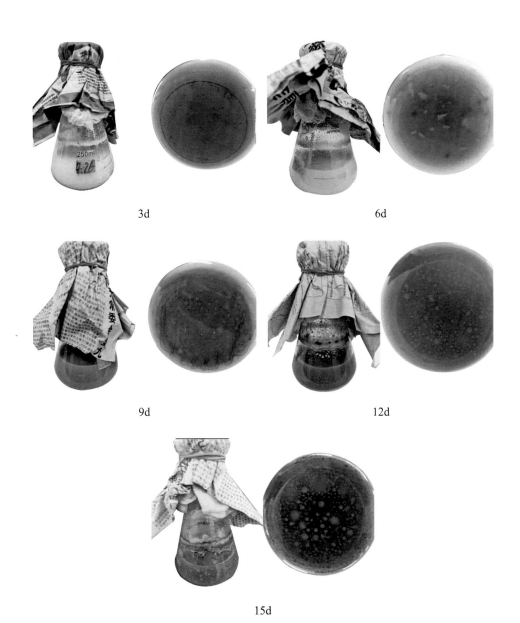

3d

6d

9d

12d

15d

图8-2 锥形瓶液体培养基中桑黄形态的变化